冶金工业建设工程预算定额

（2012 年版）

第二册　地基处理工程

北 京

冶 金 工 业 出 版 社

2013

图书在版编目(CIP)数据

冶金工业建设工程预算定额:2012年版.第二册,地基处理工程/冶金工业建设工程定额总站编.—北京:冶金工业出版社,2013.1
ISBN 978-7-5024-6105-8

Ⅰ.①冶… Ⅱ.①冶… Ⅲ.①冶金工业—建筑工程—地基处理—建筑预算定额—中国 Ⅳ.①TU723.3

中国版本图书馆 CIP 数据核字(2012)第 261442 号

出 版 人 谭学余
地   址 北京北河沿大街嵩祝院北巷 39 号,邮编 100009
电   话 (010)64027926 电子信箱 yjcbs@cnmip.com.cn
责任编辑 张 晶 李培禄 美术编辑 李 新 版式设计 孙跃红
责任校对 卿文春 刘 倩 责任印制 牛晓波
ISBN 978-7-5024-6105-8

冶金工业出版社出版发行;各地新华书店经销;三河市双峰印刷装订有限公司印刷
2013 年 1 月第 1 版,2013 年 1 月第 1 次印刷
850mm×1168mm 1/32;6 印张;170 千字;177 页
40.00 元

冶金工业出版社投稿电话:(010)64027932 投稿信箱:tougao@cnmip.com.cn
冶金工业出版社发行部 电话:(010)64044283 传真:(010)64027893
冶金书店 地址:北京东四西大街 46 号(100010) 电话:(010)65289081(兼传真)
(本书如有印装质量问题,本社发行部负责退换)

冶金工业建设工程定额总站　文件

冶建定[2012]52 号

关于颁发《冶金工业建设工程预算定额》(2012 年版)的通知

为适应冶金工业建设工程的需要,规范冶金建筑安装工程造价计价行为,指导企业合理确定和有效控制工程造价,由总站组织冶金系统造价专业人员修编的《冶金工业建设工程预算定额》(2012 年版)已经完成。经审查,现予以颁发,自 2012 年 11 月 1 日起施行。原冶金工业建设工程定额总站颁发的《冶金工业建设工程预算定额》(2001 年版)(共十四册)同时停止执行。

本定额由冶金工业建设工程定额总站负责具体解释和日常管理。

冶金工业建设工程定额总站

二〇一二年九月十九日

综 合 组：张德清　林希琤　赵　波　陈　月　张连生　吴永钢　吴新刚　万　缨　乔锡凤　文　萃
　　　　　孙旭东　陈国裕　郭绍君　付文东　郑　云　朱四宝　杨　明　徐战艰　张福山
主 编 单 位：马钢（集团）控股有限公司
副主编单位：中国十七冶集团有限公司
　　　　　　中国二十冶集团有限公司
参 编 单 位：上海宝冶集团有限公司
　　　　　　中冶集团武汉勘察研究院有限公司
协 编 单 位：鹏业软件股份有限公司
主　　　编：范奕华
副 主 编：朱　浩　齐玉林　窦士军
参编人员：方　悦　朱毅杰　李　丽　杨鹏程　胡金华　周　萍　徐建清　徐巧莲
编 辑 排 版：赖勇军

总 说 明

一、《冶金工业建设工程预算定额》(2012 年版)共分十四册,包括:

第一册《土建工程》(上、下册)

第二册《地基处理工程》

第三册《机械设备安装工程》(上、下册)

第四册《电气设备安装工程》

第五册《自动化控制仪表安装工程、消防及安全防范设备安装工程》

第六册《金属结构件制作与安装工程》

第七册《总图运输工程》

第八册《刷油、防腐、保温工程》

第九册《冶金炉窑砌筑工程》

第十册《工艺管道安装工程》

第十一册《给排水、采暖、通风、除尘管道安装工程》

第十二册《冶金施工机械台班费用定额》

第十三册《材料预算价格》

第十四册《冶金工厂建设建筑安装工程费用定额》

二、《冶金工业建设工程预算定额》(2012 年版)(以下简称本定额)是完成规定计量单位分项工程计价所需的人工、材料、施工机械台班的指导性消耗量标准;是统一冶金建筑安装工程预算工程量计算规则、项目划分、计量单位的依据;是编制冶金建筑安装工程施工图预算、招标控制价、确定工程造价的依据;是编制概算定额(指标)、投资估算指标的基础;也可作为制定企业定额和投标报价的基础;其中建筑安装工程的工程量计算规则、项目划分、计量单位、工作内容等也可作为实行工程量清单计价、编制冶金建筑安装工程量清单的基础依据。

三、本定额适用于冶金工厂的生产车间和与之配套的辅助车间、附属生产车间的新建、扩建工程(包括技术改造工程)。

四、本定额是依据国家及冶金行业现行有关产品标准、设计规范、施工及验收规范、技术操作规程、质量评定标准和安全操作规程编制的,同时也参考了有代表性的工程设计、施工资料和其他资料。

五、本定额是按目前冶金施工企业普遍采用的施工方法、机械化装备程度、合理的工期、施工工艺和劳动组织条件,同时也参考了目前冶金建筑市场招投标工程的中标价格行情进行编制的,基本上反映了冶金建筑市场目前的投标价格水平。

六、本定额基价为 2012 年基期市场价格的水平,是建筑安装工程费用定额进行取费的基础。为维护冶金建筑市场正常秩序和参建各方的合法权益,本基价应根据冶金建筑安装工程市场要素(人工、材料、机械)价格的变化情况,进行动态管理。冶金行业各单位的工程造价管理部门,可根据社会发展和施工技术水平的进步,依据典型工程的测算,适时发布不同类型(别)工程的调整系数,对其进行调整,使之与冶金建筑市场的招投标价格行情基本上相适应。

七、本定额是按下列正常的施工条件进行编制的：

1.设备、材料、成品、半成品、构件完整无损,符合质量标准和设计要求,附有合格证书、实验记录和技术说明书。

2.安装工程和土建工程之间的交叉作业正常。如施工与生产同时进行时,其降效增加费按人工费的10%计取。

3.正常的气候、地理条件和施工环境。如在特殊的自然地理条件下进行施工的工程,如高原、高寒、沙漠、沼泽地区以及洞库、水下工程,其增加费用应按省、自治区、直辖市的有关规定执行;如省、自治区、直辖市无规定时,可按有关部门的规定执行。

4.如在有害身体健康的环境中施工时,其降效增加费按人工费的10%计取。

5.水、电供应均满足建筑安装工程施工正常使用。

6.安装地点、建筑物、设备基础、预留孔洞等均符合安装要求。

八、人工工日消耗量的确定：

1.本定额的人工工日以综合工日表示,包括基本用工和其他用工。

2.基价中的定额综合工日单价采用2011年市场调查综合取定。其中:建筑工程75元/工日,安装工程80元/工日,包括基本工资、辅助工资和工资性津贴等。

九、材料消耗量的确定：

1. 本定额中的材料消耗量包括直接消耗在建筑安装工作内容中的主要材料、辅助材料和零星材料等,并计入了相应损耗。其内容和范围包括:从工地仓库、现场集中堆放地点或现场加工地点到操作或安装地点的运输损耗、施工操作损耗、施工现场堆放损耗。

2. 凡定额中未注明单价的材料均为主材,本定额基价中不包括其价格,应按"( )"内所列的用量,向材料供应商询价、招标采购或按经建设单位批准认可的工程所在地的市场价格进行采购,计算工程招投标书中的材料价格。

3. 本定额基价的材料单价是采用《冶金工业建设工程预算定额》(2012 年版)第十三册《材料预算价格》取定的,不足部分予以补充。

4. 用量少、对定额基价影响很小的零星材料合并为其他材料费,按占定额基价中材料费的百分比计算,以"元"表示,其费用已计入材料费内。具体占材料费的百分数,详见各册说明。

5. 施工措施性消耗部分,周转性材料按不同施工方法、不同材质分别列出一次使用量和一次摊销量。

6. 主要材料损耗率见各册附录。

十、施工机械台班消耗量的确定:

1. 本定额的机械台班消耗量是按正常合理的机械配备和冶金施工企业的机械化装备程度综合取定的。

2. 凡单位价值在 2000 元以内、使用年限在两年以内的不构成固定资产的工具、用具等未进入定额,已在建筑安装工程费用定额中考虑。

3.本定额基价中的施工机械使用费是采用《冶金工业建设工程预算定额》(2012年版)第十二册《冶金施工机械台班费用定额》中的台班单价计算的。其中允许在公路上行走的机械,需要交纳车船使用税的机型,机械台班使用费单价中已包括车船使用税、保险费、年检费等其他费用。

4.零星小型机械对定额影响不大的,合并为其他机械费,按占机械使用费的百分比计算,以"元"表示,其费用已计入机械使用费内。具体占机械费的百分数,详见各册说明。

十一、施工仪器仪表台班消耗量的确定:

1.本定额的施工仪器仪表消耗量是按冶金施工企业的现场校验仪器仪表配备情况综合取定的,实际与定额不符时,除各章另有说明外,均不作调整。

2.凡单位价值在2000元以内、使用年限在两年以内的不构成固定资产的施工仪器仪表等未进入定额,已在建筑安装工程费用定额中考虑。

3.施工仪器仪表台班单价,是按2000年建设部颁发的《全国统一安装工程施工仪器仪表台班费用定额》计算的。

十二、关于水平和垂直运输:

1.设备:包括自安装现场指定堆放地点运至安装地点的水平和垂直运输。

2.材料、成品、半成品:包括自施工单位现场仓库或现场指定堆放地点运至建筑安装地点的水平和垂直运输。

3.垂直运输基准面:室内以室内地平面为基准面,室外以安装现场地平面为基准面。

十三、本定额适用于海拔高程2000m以下、地震烈度七度以下的地区,超过上述情况时,可结合具体情况,由建设单位与施工单位在合同中约定。

十四、本定额中注有"XXX以内"或"XXX以下"者均包括XXX本身,"XXX以外"或"XXX以上"者均不包括XXX本身。

十五、本说明未尽事宜,详见各册和各章、节的说明。

目 录

附　录

册 说 明

一、《冶金工业建设工程预算定额》(2012 年版)第二册《地基处理工程》(以下简称本定额)是以冶金工业建设工程定额总站 2011 年 3 月 11 日在成都召开的修编工作会议所制订的工作大纲为原则,在原预算定额的基础上,结合冶金建设工程的实际情况,同时选用了适合冶金建设工程常用的有关预算定额修编而成。

二、本册具体适用范围:

1. 本定额适用于陆地上墩台基础桩,以及其他基础工程和临时工程中的打桩工程。

2. 本定额不包括试成孔、试夯,如发生时另行计算。

3. 本定额不包括施工条件特殊而采取的施工措施费,如场地垫碎石、铺路基箱等费用,应根据实际情况另行计算。

4. 各项工程的具体适用范围,详见各章说明。

三、本定额是以国家和有关部门发布的现行施工及验收规范、技术操作规程、质量评定标准和安全操作规程为依据。

四、本定额是按国内大多数施工企业采用的施工方法、机械化程度和合理的劳动组织进行制订的,除各章节另有具体说明外,均不因上述因素有差异而对本定额进行调整或换算。

五、本定额是按下列正常的施工条件进行编制的:

1. 设备、材料、成品、半成品、构件完整无损,符合质量标准和设计要求,附有合格证书和试验记录。

2. 冶金地基处理工程和安装工程、土建工程之间的交叉作业正常。如施工与生产同时进行,其降效增加费按人工费的 10% 计取。

3．正常的气候、地理条件和施工环境，如在特殊的自然地理条件下进行施工的工程，如高原、高寒、沙漠、沼泽地区以及洞库、水下工程，其增加的费用，应按省、自治区、直辖市有关规定执行；如在有害身体健康环境中施工，其降效增加费用按人工费的 10％ 计取。

六、人工：

本定额的人工包括基本用工和其他用工，不分列工种和级别，以综合工日表示。

七、材料：

1．材料消耗包括直接消耗在建筑安装工程内容中的使用量和规定的损耗量。

2．凡定额内未注明单价的材料均未计价，基价中不包括其价值，应按"（ ）"内所列的用量，如"（ ）"内未列用量则按设计用量加损耗量计算其价值。

3．本定额的材料单价是按《冶金工业建设工程预算定额》（2012 年版）第十三册《材料预算价格》综合取定的。

4．用量很少、对定额影响很小的零星材料合并为其他材料费，按占材料费的比例，以"元"表示进入基价。

八、施工机械：

1．本定额中施工机械台班是按正常合理的机械配备和大多数施工企业的机械化程度综合取定的，实际与定额不一致时，除各章另有说明外，均不作调整。

2．施工机械台班价格是按《冶金工业建设工程预算定额》（2012 年版）第十二册《冶金施工机械台班费用定额》计算的。

3．零星小型机械对定额影响不大的，合并为其他机械费，按占机械费的比例，以"元"表示进入基价。

九、本定额所列砂浆、混凝土配合比除 CFG 混合料执行附录配合比外，其他按第一册《土建工程》执行，强度等级与设计规定不同时可以换算。

十、施工机械的进、退场费和安装、拆卸费按《冶金工业建设工程预算定额》(2012年版)第十二册《冶金施工机械台班费用定额》执行。补充的特、大型机械所发生的场外运输费、安装、拆卸费可以比照类似的机械商定。

十一、钻(冲)孔灌注桩工程地基土(岩石)分类:

钻(冲)孔灌注桩工程地基土(岩石)分类表

序号	分类	内容
1	砂土	砾粒不大于2mm砂类土,包括淤泥、粉土
2	黏土	粉质黏土、黏土、黄土,包括土状风化
3	砂砾	粒径2~20mm角砾、圆砾含量(指重量比,下同)小于或等于50%,包括疆石黏土及粒状风化
4	砾石	粒径2~20mm的角砾、圆砾含量大于50%,有时还包括粒径为20~200mm的碎石、卵石,其含量在10%以内,包括块状风化
5	卵石	粒径20~200mm的碎石、卵石含量大于10%,有时还包括块石、漂石,其含量在10%以内,包括块状风化
6	软石	各种松软、胶结不紧、节理较多的岩石及较坚硬的块石土、漂石土
7	次坚石	硬的各类岩石,包括粒径大于500mm、含量大于10%的较坚硬的块石、漂石
8	坚石	坚硬的各类岩石,包括粒径大于1000mm、含量大于10%的坚硬块石、漂石

十二、本定额小型工程的划分:每个单位工程的工程量:各种桩按体积计的在150m³、按长度计的在300m、钢桩在150t、强夯在1000m²以下的(包括本身)为小型工程。小型工程的人工和机械使用量按相应的定额乘以系数1.25计算。

十三、凡本说明未尽的,以各章节说明为准。

第一章 打 桩 工 程

说　　明

一、本章定额均是按打垂直桩考虑的。如打斜桩,斜度小于1∶6时,打桩工日数和打桩机台班数按定额增加20%计算;如斜度大于1∶6时,打桩工日数和打桩机台班数按定额增加30%计算,但材料消耗定额不变。

二、预制钢筋混凝土方桩、管桩及钢管桩的打桩压桩定额,是按一、二级土综合取定的,确因地基土超过二级标准而必须采取钻孔或冲扩孔时,可另计钻孔或冲扩孔费,在大面积开山石(石渣)回填的场地上打桩、压桩需开挖换填处理时,其开挖换填费用另计。

三、本章定额的桩材,均按商品成套成品桩供应考虑。从供货点至工地指定堆放点的装卸运输管理费及运输损耗费计入桩材预算价格内。

四、关于桩材场内装卸运输,本章定额分两种情况:

1. 对预制钢筋混凝土方桩、板桩,定额内未考虑场外装卸运输。如因现场条件等限制而必须发生场外倒运时,运输费另计。由临时堆放场(预制场地)到打桩位置的场内倒运,可按定额计算倒运费。

2. 对预制钢筋混凝土管桩、钢管桩的打(压)桩定额,桩材是按供应到打桩工地附近的临时堆场考虑的,桩材从临时堆场至打桩位置间的场内,计算倒运费。

五、预制钢筋混凝土管桩打(压)桩定额已综合考虑了喂桩、打桩、焊接桩等打桩工程全部工序内容。

六、钢管桩打桩定额已综合考虑了场内运桩、喂桩、打桩、焊接桩、割桩、地下内切割、吊拔管、堵孔、复制桩及精割、安装焊接桩帽等全部打桩工序。其中,复制桩是按每套桩1.75个接头考虑的。使用本定额时,不得增加其他内容及费用。

七、如设计为钢管混凝土桩时,打桩工程仍套用打钢管桩相应子目,不作调整。钢管桩内浇注的混凝土按土建定额相应子目计算。

八、钢板桩定额是按临时性钢板桩考虑的,如打永久性钢板桩时,应增加钢板桩主材消耗费用。

九、本章定额的打桩机械是综合考虑的,当实际施工采用不同的机械时,不予换算。

十、本章定额不包括打桩场地平整、铺渣,按相应土建定额计算。本章定额未包括水上打桩、地坑地槽内打桩、支架上打桩、钢板桩锚定及桩基预压等内容,发生时应另行计算。

十一、本章定额基价中含桩材价值,只打桩不制桩(或购桩)者在预算总值中扣除桩材价值,但定额中桩的损耗归打桩单位。

十二、打试验桩,按相应定额项目的人工、机械乘系数 2.0 计算。

十三、因设计修改,需在已施工完成的桩间补桩时,按相应定额项目人工、机械乘系数 1.15 计算。

工程量计算规则

一、预制钢筋混凝土方桩、板桩的体积:按设计全长(包括桩尖)乘以截面面积计算,不扣除桩尖部分的虚体积。

二、预制钢筋混凝土管桩的体积:按设计全长(包括桩尖)乘以截面面积(不包括空心部分面积)计算。不扣除桩尖部分的虚体积。

三、钢管桩按设计长度(设计桩顶至桩底标高)、管径、壁厚以吨(t)计算。桩帽按设计数量(只)及锚固钢筋换算成质量吨(t)计入钢管桩工程量。

　　四、钢板桩按实际施工长度以吨(t)计算。

　　五、送桩工程量按送桩深度乘以截面面积以立方米(m³)计算。送桩深度按打桩机底面至桩顶面高度(即桩顶面至自然地面另加500mm)计算。

　　六、打(压)预制钢筋混凝土方形管桩时,按其外边长度套用相应管桩定额。

一、打预制混凝土方桩

工作内容:准备打桩机具,移动打桩机,打桩。

单位:10m³

定　额　编　号				2-1-1	2-1-2	2-1-3
项　　　　　目				桩长(m)		
				12 以内	25 以内	25 以外
基　　　价　　(元)				**13563.21**	**12971.30**	**13495.41**
其中	人　工　费　(元)			834.75	501.75	649.50
	材　料　费　(元)			10916.12	10916.12	10916.12
	机　械　费　(元)			1812.34	1553.43	1929.79
名　　　　称		单位	单价(元)	数		量
人工	综合工日	工日	75.00	11.130	6.690	8.660
材料	预制混凝土方桩	m³	1073.14	10.150	10.150	10.150
	其他材料费	元	—	23.750	23.750	23.750
机械	履带式柴油打桩机 5t	台班	2876.73	0.630	0.540	—
	履带式柴油打桩机 7t	台班	3216.32	—	—	0.600

二、预制混凝土方桩送桩

工作内容:吊安送桩器,安装、拆卸桩帽,打送桩,拔送桩器。

単位:10m³

定 额 编 号				2-1-4	2-1-5	2-1-6
项 目				桩长(m)		
				12 以内	25 以内	25 以外
基 价 (元)				**568.23**	**447.70**	**692.01**
其中	人 工 费 (元)			159.75	96.75	139.50
	材 料 费 (元)			5.74	5.74	5.74
	机 械 费 (元)			402.74	345.21	546.77
名 称		单位	单价(元)	数		量
人工	综合工日	工日	75.00	2.130	1.290	1.860
材料	其他材料费	元	-	5.740	5.740	5.740
机械	履带式柴油打桩机 5t	台班	2876.73	0.140	0.120	-
	履带式柴油打桩机 7t	台班	3216.32	-	-	0.170

三、打预制混凝土板桩

工作内容:准备打桩机具,移动打桩机,打桩、送桩,拔打桩器。

单位:10m³

定　额　编　号				2-1-7	2-1-8
项　　　　目				桩长(m)	
				10 以内	20 以内
基　　　价　（元）				**7165.89**	**5145.74**
其中	人　工　费　（元）			1596.00	1071.75
	材　料　费　（元）			75.34	75.34
	机　械　费　（元）			5494.55	3998.65
名　　　　　称		单位	单价(元)	数	量
人工	综合工日	工日	75.00	21.280	14.290
材料	其他材料费	元	－	75.340	75.340
机械	履带式柴油打桩机 5t	台班	2876.73	1.910	1.390

四、预制混凝土板桩送桩

工作内容:准备打桩机具,移动打桩机,打桩、送桩,拔打桩器。

单位:10m³

定 额 编 号				2-1-9	2-1-10
项 目				桩长(m)	
				10 以内	20 以内
基 价 (元)				567.48	430.93
其中	人 工 费 (元)			159.00	108.75
	材 料 费 (元)			5.74	5.74
	机 械 费 (元)			402.74	316.44
名 称		单位	单价(元)	数	量
人工	综合工日	工日	75.00	2.120	1.450
材料	其他材料费	元	-	5.740	5.740
机械	履带式柴油打桩机 5t	台班	2876.73	0.140	0.110

五、静力压预制混凝土方桩

工作内容:准备压桩机具,移动压桩机,吊装就位、校正、压桩。

单位:10m³

定 额 编 号				2-1-11	2-1-12	2-1-13	2-1-14
项 目				桩长(m)			
				12 以内	18 以内	30 以内	30 以外
基 价 (元)				**13190.82**	**12874.99**	**12785.90**	**12639.34**
其中	人 工 费 (元)			699.00	530.25	369.75	338.25
	材 料 费 (元)			10910.68	10910.68	10910.68	10910.68
	机 械 费 (元)			1581.14	1434.06	1505.47	1390.41
名 称		单位	单价(元)	数		量	
人工	综合工日	工日	75.00	9.320	7.070	4.930	4.510
材料	预制混凝土方桩	m³	1073.14	10.100	10.100	10.100	10.100
	其他材料费	元	—	71.970	71.970	71.970	71.970
机械	静力压桩机(液压)2000kN	台班	3677.07	0.430	0.390	0.370	—
	静力压桩机(液压)3000kN	台班	4492.90	—	—	—	0.260
	履带式起重机 15t	台班	966.34	—	—	0.150	0.230

六、静力压预制混凝土方桩送桩

工作内容: 吊安送桩器,压送桩,拔送桩器。

单位:10m³

定　额　编　号				2-1-15	2-1-16	2-1-17	2-1-18
项　　目				桩长(m)			
				12 以内	18 以内	30 以内	30 以外
基　　价　(元)				**4758.19**	**4608.60**	**3814.52**	**3769.09**
其中	人　工　费　(元)			1639.50	1262.25	895.50	815.25
	材　料　费　(元)			103.49	103.49	103.49	103.49
	机　械　费　(元)			3015.20	3242.86	2815.53	2850.35
名　　称		单位	单价(元)	数　　　　　量			
人工	综合工日	工日	75.00	21.860	16.830	11.940	10.870
材料	其他材料费	元	—	103.490	103.490	103.490	103.490
机械	静力压桩机(液压) 2000kN	台班	3677.07	0.820	0.740	0.700	—
	静力压桩机(液压) 3000kN	台班	4492.90	—	—	—	0.600
	履带式起重机 15t	台班	966.34	—	0.540	0.250	0.160

七、预制方桩接头

工作内容:1.接桩帽制作、电焊、安装上下节桩对接、校正、垫铁片、安角钢、焊接。2.安卸夹箍、熬制及灌注胶泥。

单位:10个

定 额 编 号				2-1-19	2-1-20
项 目				焊接桩接头	浆锚接桩柱头
基 价 (元)				**4154.51**	**1827.33**
其中	人 工 费 (元)			618.00	306.00
	材 料 费 (元)			360.60	50.14
	机 械 费 (元)			3175.91	1471.19
名 称		单位	单价(元)	数	量
人工	综合工日	工日	75.00	8.240	4.080
材料	电焊条 结 422 $\phi2.5$	kg	5.04	40.000	–
	铁件	kg	5.30	30.000	–
	硫磺胶泥	kg	2.85	–	17.000
	其他材料费	元	–	–	1.690
机械	直流弧焊机 30kW	台班	103.34	2.060	–
	履带式柴油打桩机 5t	台班	2876.73	1.030	0.510
	其他机械费	元	–	–	4.060

八、预制混凝土方(管)桩场内倒运

工作内容: 准备吊桩机具,倒运,按指定位置(指打桩位置)堆放。

单位:10m³

定　额　编　号				2-1-21	
项　　　　　　目				混凝土方(管)桩	
基　　价　(元)				**473.08**	
其 中	人　工　费　(元)			144.00	
	材　料　费　(元)			39.18	
	机　械　费　(元)			289.90	
名　　　　称		单位	单价(元)	数　　　　量	
人工	综合工日	工日	75.00	1.920	
材料	其他材料费	元	—	39.180	
机械	履带式起重机 15t	台班	966.34	0.300	

注: 场内倒运距离为300m以内。

九、打拔钢板桩

工作内容:准备打桩机具,移动打桩机及其轨道,吊桩定位、安卸桩帽、校正、打桩、系桩、拔桩、15m 以内临时堆放安装及拆除导向夹具。

单位:10t

定　额　编　号				2-1-22	2-1-23	2-1-24	2-1-25
项　　　　目				振动打桩机打或拔钢板桩桩长(m)			
				6 以内	10 以内	15 以内	20 以外
基　　价　　(元)				**3162.87**	**2111.69**	**1746.15**	**1591.65**
其中	人　工　费　(元)			1322.25	872.25	726.75	682.50
	材　料　费　(元)			37.08	37.08	37.08	7.38
	机　械　费　(元)			1803.54	1202.36	982.32	901.77
名　　　称		单位	单价(元)	数		量	
人工	综合工日	工日	75.00	17.630	11.630	9.690	9.100
材料	枕木	m³	1650.00	0.020	0.020	0.020	0.002
	其他材料费	元	—	4.080	4.080	4.080	4.080
机械	振动沉拔桩机 300kN	台班	982.32	1.836	1.224	1.000	0.918

注:1.钢板桩若打入有浸蚀性地下水的土质超过一年或基底为基岩者,拔桩定额另行处理。 2.打槽钢或钢轨,其机械使用量乘以系数 0.77。
　　3.定额内未包括钢板桩的租赁和损耗。

定 额 编 号			2-1-26	
项 目			安装导向夹具	
基 价 （元）			**105.91**	
其 中	人 工 费 （元）		31.50	
	材 料 费 （元）		35.12	
	机 械 费 （元）		39.29	
名 称	单位	单价(元)	数 量	
人 工 综合工日	工日	75.00	0.420	
材 料 二等板方材 综合	m³	1800.00	0.012	
二等硬木板方材 综合	m³	1900.00	0.006	
铁件	kg	5.30	0.400	
机 械 振动沉拔桩机 300kN	台班	982.32	0.040	

十、打预制混凝土管桩

工作内容: 准备打桩机具,移动打桩机,桩定位,打桩,接桩等。

单位:10m³

定 额 编 号				2-1-27	2-1-28	2-1-29
项 目				履带式柴油打桩机打 PHC(PC)桩		
				桩长(m)		
				24 以内	32 以内	32 以外
基 价 (元)				**20330.67**	**20023.71**	**19973.75**
其中	人 工 费 (元)			673.50	563.25	478.50
	材 料 费 (元)			17572.04	17572.04	17572.04
	机 械 费 (元)			2085.13	1888.42	1923.21
名 称		单位	单价(元)	数		量
人工	综合工日	工日	75.00	8.980	7.510	6.380
材料	预制混凝土管桩	m³	1734.31	10.050	10.050	10.050
	二等板方材 综合	m³	1800.00	0.050	0.050	0.050
	金属周转材料摊销	kg	6.60	2.890	2.890	2.890
	其他材料费	元	–	33.150	33.150	33.150
机械	履带式柴油打桩机 5t	台班	2876.73	0.530	0.480	–
	履带式柴油打桩机 7t	台班	3216.32	–	–	0.450
	交流弧焊机 30kV·A	台班	91.14	0.530	0.480	0.450
	履带式起重机 15t	台班	966.34	0.530	0.480	0.450

注: 本定额 PHC(PC)桩是按成套供应考虑的,即下节桩带桩尖。如实际所供管桩下节桩不带桩尖,而现场需要焊接桩尖时,则桩尖费用另计,并计取每个桩尖 30 元的焊接费用。

十一、打预制混凝土管桩送桩

工作内容: 吊送、安(拔)送桩器、打送桩。

单位:10m³

定 额 编 号				2-1-30	2-1-31	2-1-32
项 目				履带式柴油打桩机送 PHC(PC)桩		
				桩长(m)		
				24 以内	32 以内	32 以外
基 价 (元)				**2384.62**	**2087.52**	**2066.32**
其中	人 工 费 (元)			758.25	633.75	539.25
	材 料 费 (元)			15.40	15.40	15.40
	机 械 费 (元)			1610.97	1438.37	1511.67
名 称		单位	单价(元)	数		量
人工	综合工日	工日	75.00	10.110	8.450	7.190
材料	其他材料费	元	-	15.400	15.400	15.400
机械	履带式柴油打桩机 5t	台班	2876.73	0.560	0.500	-
	履带式柴油打桩机 7t	台班	3216.32	-	-	0.470

十二、打钢管桩

工作内容：准备打桩机具、移动桩机、喂桩、定位、校正、打桩、焊接桩、测定标高、内切割、吊拔桩、堵孔、精割安帽、复制桩、
场内运桩（复制桩按每根桩 1.75 个接头考虑）。

单位：10t

定额编号				2-1-33	2-1-34	2-1-35
项目				φ406.4	φ609.6	φ914.4
				L=50~70m		
基价（元）				**77926.26**	**77037.46**	**76878.97**
其中	人工费（元）			858.75	717.75	623.25
	材料费（元）			73074.12	73059.33	73055.48
	机械费（元）			3993.39	3260.38	3200.24
名称		单位	单价（元）	数		量
人工	综合工日	工日	75.00	11.450	9.570	8.310
材料	钢管桩	t	7100.00	10.250	10.250	10.250
	电焊丝（综合价）	kg	8.20	16.650	14.318	15.801
	其他材料费	元	–	162.590	166.920	150.910
机械	履带式柴油打桩机 5t	台班	2876.73	0.650	0.510	–
	履带式柴油打桩机 8t	台班	3333.68	–	–	0.440
	自动埋弧焊机 500A	台班	127.76	1.570	1.250	1.110
	内切割机	台班	55.63	0.120	0.090	0.060
	风割机	台班	92.38	0.960	0.750	0.660
	履带式起重机 15t	台班	966.34	1.380	1.150	1.120
	平板拖车组 20t	台班	1264.92	0.220	0.200	0.210
	载货汽车 4t	台班	466.52	0.120	0.090	0.060
	叉式起重机 3t	台班	513.25	0.180	0.150	0.140
	其他机械费	元	–	67.370	76.010	79.520

注：打钢管灌混凝土桩也套此子目，桩帽不予扣除，锚固筋不予增加。

十三、静力压预制混凝土管桩

工作内容:准备压桩机具,移动压桩机,吊装就位,校正,压桩,接桩等。

单位:10m³

定 额 编 号			2-1-36	2-1-37	2-1-38	2-1-39
项 目			静力压桩机压 PHC(PC)桩			
			桩径(mm)			
			400 以内	500 以内	600 以内	600 以外
基 价 (元)			**20877.25**	**21521.32**	**20906.32**	**20891.20**
其中	人 工 费 (元)		618.00	631.50	640.50	670.50
	材 料 费 (元)		17554.67	17554.67	17554.67	17554.67
	机 械 费 (元)		2704.58	3335.15	2711.15	2666.03
名 称	单位	单价(元)	数		量	
人工 综合工日	工日	75.00	8.240	8.420	8.540	8.940
材料 预制混凝土管桩	m³	1734.31	10.040	10.040	10.040	10.040
二等板方材 综合	m³	1800.00	0.050	0.050	0.050	0.050
金属周转材料摊销	kg	6.60	2.890	2.890	2.890	2.890
其他材料费	元		33.120	33.120	33.120	33.120
机械 静力压桩机(液压)3000kN	台班	4492.90	0.590	—	—	—
静力压桩机(液压)4000kN	台班	5288.13	—	0.620	0.504	—
静力压桩机(液压)8000kN	台班	5859.83	—	—	—	0.448
交流弧焊机 30kV·A	台班	91.14	0.590	0.620	0.504	0.448

注:本定额 PHC(PC)桩是按成套供应考虑的,即下节桩带桩尖。如实际所供管桩下节桩不带桩尖,而现场需要焊接桩尖时,则桩尖费用另计,并计取每个桩尖 30 元的对接费用。

十四、静力压桩机送预制混凝土管桩

工作内容:安卸桩垫、吊送管桩、拔放送桩器。

单位:10m³

定 额 编 号				2-1-40	2-1-41	2-1-42	2-1-43
项 目				静力压桩机送 PHC(PC)管桩			
				桩径(mm)			
				400 以内	500 以内	600 以内	600 以外
基 价 (元)				**4512.86**	**5034.15**	**4368.45**	**4379.69**
其中	人 工 费 (元)			993.00	788.25	810.00	854.25
	材 料 费 (元)			15.40	15.40	15.40	15.40
	机 械 费 (元)			3504.46	4230.50	3543.05	3510.04
名 称		单位	单价(元)	数		量	
人工	综合工日	工日	75.00	13.240	10.510	10.800	11.390
材料	其他材料费	元	—	15.400	15.400	15.400	15.400
机械	静力压桩机(液压)3000kN	台班	4492.90	0.780	—	—	—
	静力压桩机(液压)4000kN	台班	5288.13	—	0.800	0.670	—
	静力压桩机(液压)8000kN	台班	5859.83	—	—	—	0.599

第二章　钻(冲)孔灌注桩工程

说　明

一、钻孔土质分类见册说明的岩石分类表。

二、定额中已按摊销方式计入钻架的制作、拼装、移位、拆除及钻头维修所耗用的工、料、机械台班数量。

三、钻(冲)孔桩混凝土定额中已包括设备(如导管等)摊销的工料费用及成孔偏差所增加的混凝土数量。

四、护筒定额中已包括了埋设护筒用的黏土及钢质或钢筋混凝土护筒接头用的铁件、硫磺胶泥等材料、设备消耗。

工程量计算规则

一、钻(冲)孔灌注桩成孔工程量按设计入土深度计算。定额中的孔深指护筒顶至桩底的深度。成孔定额中同一孔内的不同土质,不论其所在的深度如何,均执行总孔深定额。

二、浇注混凝土工程量按设计桩径截面面积乘设计桩长计算,设计要求桩底为扩大头时,其增加的体积一并计算。

三、旋挖法成孔灌注混凝土桩,按设计桩长乘以螺旋外径或设计截面面积以立方米(m^3)计算。

四、钢护筒的工程量按护筒的设计质量计算。设计质量为加工后的成品质量。设计质量不明时,可参考下表的质量进行计算:

桩　　径(cm)	100	120	150	200	250
护筒质量(kg/m)	167.00	231.30	280.10	472.80	580.30

五、钢筋笼按施工图和规范要求,以吨(t)计算。

六、泥浆外运工程量按钻孔体积以立方米(m³)计算。

一、冲击钻机冲孔

工作内容: 1.装、拆、移钻机。2.准备冲具、冲孔、提钻、出渣、加水、加黏土、清孔、测量孔深。

单位:10m

定　额　编　号			2-2-1	2-2-2	2-2-3	2-2-4
项　　　　　目			桩径100cm以内			
			孔深20m以内			
			砂土	黏土	砂砾	砾石
基　　价　（元）			**1947.48**	**2192.86**	**5479.62**	**8232.19**
其中	人　工　费（元）		936.00	999.00	2082.00	2964.75
	材　料　费（元）		371.76	301.76	443.79	446.31
	机　械　费（元）		639.72	892.10	2953.83	4821.13
名　　　　称	单位	单价（元）	数			量
人工 综合工日	工日	75.00	12.480	13.320	27.760	39.530
材料 电焊条 结422 φ2.5	kg	5.04	0.200	0.300	1.000	1.500
水	t	4.00	17.000	19.000	15.000	15.000
黏土	m³	25.00	9.210	6.070	12.250	12.250
其他材料费	元	—	0.260	0.260	0.260	0.260
设备摊销费	元	—	72.240	72.240	72.240	72.240
机械 电动冲击钻机22型	台班	424.66	1.500	2.090	6.930	11.310
交流弧焊机30kV·A	台班	91.14	0.030	0.050	0.120	0.200

定 额 编 号			2-2-5	2-2-6	2-2-7	2-2-8
项 目			桩径100cm以内			
			孔深20m以内			
			卵石	软石	次坚石	坚石
基 价 (元)			**10090.98**	**16533.02**	**23560.21**	**40242.16**
其中	人 工 费 (元)		3537.75	5614.50	7890.00	13267.50
	材 料 费 (元)		491.45	529.45	529.20	529.20
	机 械 费 (元)		6061.78	10389.07	15141.01	26445.46
名 称	单位	单价(元)	数		量	
人工 综合工日	工日	75.00	47.170	74.860	105.200	176.900
材料 电焊条 结422 φ2.5	kg	5.04	3.600	3.600	3.600	3.600
水	t	4.00	15.000	14.000	14.000	14.000
黏土	m³	25.00	12.250	13.930	13.920	13.920
其他材料费	元	–	–	0.260	0.260	0.260
设备摊销费	元	–	–	106.800	106.800	106.800
机械 电动冲击钻机22型	台班	424.66	14.180	24.370	35.560	62.180
交流弧焊机 30kV·A	台班	91.14	0.440	0.440	0.440	0.440

工作内容:同前

定　额　编　号				2-2-9	2-2-10	2-2-11	2-2-12
项　　　　目				桩径100cm以内			
				孔深30m以内			
				砂石	黏土	砂砾	砾石
基　　价　　(元)				**1977.14**	**2268.92**	**6193.45**	**9130.80**
其中	人　工　费　(元)			846.75	925.50	2276.25	3264.00
	材　料　费　(元)			371.76	301.76	462.27	464.79
	机　械　费　(元)			758.63	1041.66	3454.93	5402.01
	名　　　称	单位	单价(元)	数			量
人工	综合工日	工日	75.00	11.290	12.340	30.350	43.520
材料	电焊条 结422 φ2.5	kg	5.04	0.200	0.300	1.000	1.500
	水	t	4.00	17.000	19.000	15.000	15.000
	黏土	m³	25.00	9.210	6.070	12.250	12.250
	其他材料费	元	–	0.260	0.260	0.260	0.260
	设备摊销费	元	–	72.240	72.240	90.720	90.720
机械	电动冲击钻机22型	台班	424.66	1.780	2.410	8.110	12.680
	交流弧焊机30kV·A	台班	91.14	0.030	0.200	0.120	0.190

工作内容：同前

定　额　编　号				2-2-13	2-2-14	2-2-15	2-2-16
项　　　　　目				桩径100cm以内			
				孔深30m以内			
				卵石	软石	次坚石	坚石
基　　　价　　（元）				**11342.59**	**19880.12**	**28531.55**	**45884.33**
其中	人　工　费　（元）			3995.25	6902.25	9850.50	15690.75
	材　料　费　（元）			491.45	529.20	529.20	529.20
	机　械　费　（元）			6855.89	12448.67	18151.85	29664.38
	名　　　　　称	单位	单价（元）	数		量	
人工	综合工日	工日	75.00	53.270	92.030	131.340	209.210
材料	电焊条 结422 φ2.5	kg	5.04	3.600	3.600	3.600	3.600
	水	t	4.00	15.000	14.000	14.000	14.000
	黏土	m³	25.00	12.250	13.920	13.920	13.920
	其他材料费	元	－	0.260	0.260	0.260	0.260
	设备摊销费	元	－	106.800	106.800	106.800	106.800
机械	电动冲击钻机22型	台班	424.66	16.050	29.220	42.650	69.760
	交流弧焊机30kV·A	台班	91.14	0.440	0.440	0.440	0.440

定　额　编　号			2-2-17	2-2-18	2-2-19	2-2-20
项　　　　　目			桩径100cm以内			
			孔深40m以内			
			砂土	黏土	砂砾	砾石
基　　价　（元）			**2228.46**	**2633.50**	**7671.37**	**11506.48**
其中	人　工　费　（元）		873.00	993.75	2718.00	4000.50
	材　料　费　（元）		371.76	301.76	462.27	464.79
	机　械　费　（元）		983.70	1337.99	4491.10	7041.19
名　　　　称	单位	单价（元）	数			量
人工	综合工日	工日	75.00	11.640	13.250	36.240	53.340
材料	电焊条 结422 φ2.5	kg	5.04	0.200	0.300	1.000	1.500
	水	t	4.00	17.000	19.000	15.000	15.000
	黏土	m³	25.00	9.210	6.070	12.250	12.250
	其他材料费	元	–	0.260	0.260	0.260	0.260
	设备摊销费	元	–	72.240	72.240	90.720	90.720
机械	电动冲击钻机22型	台班	424.66	2.310	3.140	10.550	16.540
	交流弧焊机30kV·A	台班	91.14	0.030	0.050	0.120	0.190

工作内容:同前

定 额 编 号				2-2-21	2-2-22	2-2-23	2-2-24
项 目				桩径 100cm 以内			
				孔深 40m 以内			
				卵石	软石	次坚石	坚石
基 价 (元)				14359.45	25447.86	36717.40	59335.85
其中	人 工 费 (元)			4956.75	8720.25	12537.00	20109.75
	材 料 费 (元)			491.45	529.20	529.20	529.20
	机 械 费 (元)			8911.25	16198.41	23651.20	38696.90
名 称		单位	单价(元)	数		量	
人工	综合工日	工日	75.00	66.090	116.270	167.160	268.130
材料	电焊条 结 422 φ2.5	kg	5.04	3.600	3.600	3.600	3.600
	水	t	4.00	15.000	14.000	14.000	14.000
	黏土	m³	25.00	12.250	13.920	13.920	13.920
	其他材料费	元	−		0.260	0.260	0.260
	设备摊销费	元	−	106.800	106.800	106.800	106.800
机械	电动冲击钻机 22 型	台班	424.66	20.890	38.050	55.600	91.030
	交流弧焊机 30kV·A	台班	91.14	0.440	0.440	0.440	0.440

工作内容:同前

定　额　编　号			2-2-25	2-2-26	2-2-27	2-2-28
项　　　　　目			桩径150cm以内			
			孔深20m以内			
			砂土	黏土	砂砾	砾石
基　　　价（元）			**2543.88**	**2852.76**	**7835.10**	**11327.93**
其中	人　工　费（元）		1035.75	1083.00	2397.00	3269.25
	材　料　费（元）		501.26	400.76	625.02	627.54
	机　械　费（元）		1006.87	1369.00	4813.08	7431.14
名　　　称	单位	单价（元）	数			量
人工	综合工日	工日	75.00	13.810	14.440	31.960	43.590
材料	电焊条 结422 ϕ2.5	kg	5.04	0.200	0.300	1.000	1.500
	水	t	4.00	24.000	27.000	22.000	22.000
	黏土	m³	25.00	13.270	8.750	17.640	17.640
	其他材料费	元	－	0.260	0.260	0.260	0.260
	设备摊销费	元	－	72.240	72.240	90.720	90.720
机械	电动冲击钻机30型	台班	590.67	1.700	2.310	8.130	12.550
	交流弧焊机30kV·A	台班	91.14	0.030	0.050	0.120	0.200

工作内容:同前

定　额　编　号			2-2-29	2-2-30	2-2-31	2-2-32
项　　　　　　目			桩径150cm以内			
			孔深20m以内			
			卵石	软石	次坚石	坚石
基　　　价　（元）			**14159.31**	**24080.33**	**34422.48**	**56164.73**
其中	人　工　费　（元）		3984.75	6507.75	9135.75	14575.50
	材　料　费　（元）		654.20	710.20	710.20	710.20
	机　械　费　（元）		9520.36	16862.38	24576.53	40879.03
名　　　称	单位	单价（元）	数		量	
人工 综合工日	工日	75.00	53.130	86.770	121.810	194.340
材料 电焊条 结422 φ2.5	kg	5.04	3.600	3.600	3.600	3.600
水	t	4.00	22.000	21.000	21.000	21.000
黏土	m³	25.00	17.640	20.040	20.040	20.040
其他材料费	元	–	0.260	0.260	0.260	0.260
设备摊销费	元	–	106.800	106.800	106.800	106.800
机械 电动冲击钻机30型	台班	590.67	16.050	28.480	41.540	69.140
交流弧焊机 30kV·A	台班	91.14	0.440	0.440	0.440	0.440

定 额 编 号				2-2-33	2-2-34	2-2-35	2-2-36
项 目				桩径 150cm 以内			
				孔深 30m 以内			
				砂土	黏土	砂砾	砾石
基 价 （元）				**2753.90**	**3143.51**	**9128.75**	**13623.82**
其中	人 工 费 （元）			962.25	1025.25	2592.00	3722.25
	材 料 费 （元）			501.26	400.76	625.02	627.54
	机 械 费 （元）			1290.39	1717.50	5911.73	9274.03
名 称		单位	单价（元）	数		量	
人工	综合工日	工日	75.00	12.830	13.670	34.560	49.630
材料	电焊条 结 422 φ2.5	kg	5.04	0.200	0.300	1.000	1.500
	水	t	4.00	24.000	27.000	22.000	22.000
	黏土	m³	25.00	13.270	8.750	17.640	17.640
	其他材料费	元	–	0.260	0.260	0.260	0.260
	设备摊销费	元	–	72.240	72.240	90.720	90.720
机械	电动冲击钻机 30 型	台班	590.67	2.180	2.900	9.990	15.670
	交流弧焊机 30kV·A	台班	91.14	0.030	0.050	0.120	0.200

工作内容:同前

单位:10m

定　额　编　号				2-2-37	2-2-38	2-2-39	2-2-40
项　　　　　目				桩径150cm 以内			
				孔深30m 以内			
				卵石	软石	次坚石	坚石
基　　　价　（元）				**17079.80**	**29924.77**	**43042.54**	**72090.34**
其中	人　工　费　（元）			4530.75	7869.00	11223.00	20442.00
	材　料　费　（元）			654.20	710.20	710.20	710.20
	机　械　费　（元）			11894.85	21345.57	31109.34	50938.14
名　　　称		单位	单价(元)	数			量
人工	综合工日	工日	75.00	60.410	104.920	149.640	272.560
材料	电焊条 结422 φ2.5	kg	5.04	3.600	3.600	3.600	3.600
	水	t	4.00	22.000	21.000	21.000	21.000
	黏土	m³	25.00	17.640	20.040	20.040	20.040
	其他材料费	元	–	0.260	0.260	0.260	0.260
	设备摊销费	元	–	106.800	106.800	106.800	106.800
机械	电动冲击钻机30型	台班	590.67	20.070	36.070	52.600	86.170
	交流弧焊机30kV·A	台班	91.14	0.440	0.440	0.440	0.440

· 38 ·

工作内容:同前

单位:10m

定 额 编 号				2-2-41	2-2-42	2-2-43	2-2-44
项 目				桩径150cm以内			
				孔深40m以内			
				砂土	黏土	砂砾	砾石
基 价 (元)				**3196.90**	**3746.64**	**11390.98**	**17268.19**
其中	人 工 费 (元)			1009.50	1114.50	3111.75	4572.75
	材 料 费 (元)			501.26	400.76	625.02	627.54
	机 械 费 (元)			1686.14	2231.38	7654.21	12067.90
名 称		单位	单价(元)	数		量	
人工	综合工日	工日	75.00	13.460	14.860	41.490	60.970
材料	电焊条 结 422 ϕ2.5	kg	5.04	0.200	0.300	1.000	1.500
	水	t	4.00	24.000	27.000	22.000	22.000
	黏土	m³	25.00	13.270	8.750	17.640	17.640
	其他材料费	元	–	0.260	0.260	0.260	0.260
	设备摊销费	元	–	72.240	72.240	90.720	90.720
机械	电动冲击钻机30型	台班	590.67	2.850	3.770	12.940	20.400
	交流弧焊机30kV·A	台班	91.14	0.030	0.050	0.120	0.200

工作内容:同前

单位:10m

定 额 编 号				2-2-45	2-2-46	2-2-47	2-2-48
项 目				桩径150cm以内			
				孔深40m以内			
				卵石	软石	次坚石	坚石
基 价 (元)				**21377.14**	**38430.97**	**55484.79**	**89883.16**
其中	人 工 费 (元)			5624.25	9981.75	14318.25	22875.00
	材 料 费 (元)			654.20	710.20	722.20	710.20
	机 械 费 (元)			15098.69	27739.02	40444.34	66297.96
名 称		单位	单价(元)	数		量	
人工	综合工日	工日	75.00	74.990	133.090	190.910	305.000
材料	电焊条 结422 φ2.5	kg	5.04	3.600	3.600	3.600	3.600
	水	t	4.00	22.000	21.000	24.000	21.000
	黏土	m³	25.00	17.640	20.040	20.040	20.040
	其他材料费	元	–	0.260	0.260	0.260	0.260
	设备摊销费	元	–	106.800	106.800	106.800	106.800
机械	电动冲击钻机30型	台班	590.67	25.490	46.890	68.400	112.170
	交流弧焊机32kV·A	台班	96.61	0.440	0.440	0.440	0.440

工作内容:同前

定　额　编　号			2-2-49	2-2-50	2-2-51	2-2-52
项　　　　目			桩径150cm以内			
			孔深50m以内			
			砂土	黏土	砂砾	砾石
基　　价　（元）			**3825.63**	**4594.01**	**14395.56**	**22037.62**
其中	人　工　费　（元）		1130.25	1288.50	3842.25	5745.00
	材　料　费　（元）		501.26	400.76	625.02	627.54
	机　械　费　（元）		2194.12	2904.75	9928.29	15665.08
名　　　　称	单位	单价(元)	数		量	
人工	综合工日	工日	75.00	15.070	17.180	51.230	76.600
材料	电焊条 结422 φ2.5	kg	5.04	0.200	0.300	1.000	1.500
	水	t	4.00	24.000	27.000	22.000	22.000
	黏土	m³	25.00	13.270	8.750	17.640	17.640
	其他材料费	元	–	0.260	0.260	0.260	0.260
	设备摊销费	元	–	72.240	72.240	90.720	90.720
机械	电动冲击钻机30型	台班	590.67	3.710	4.910	16.790	26.490
	交流弧焊机30kV·A	台班	91.14	0.030	0.050	0.120	0.200

定 额 编 号				2-2-53	2-2-54	2-2-55	2-2-56
项 目				桩径150cm以内			
				孔深50m以内			
				卵石	软石	次坚石	坚石
基 价 (元)				**27416.05**	**49508.48**	**71695.02**	**115613.54**
其 中	人 工 费 (元)			7111.50	12762.75	18428.25	28920.75
	材 料 费 (元)			654.20	710.20	710.20	710.20
	机 械 费 (元)			19650.35	36035.53	52556.57	85982.59
名 称		单位	单价(元)	数		量	
人工	综合工日	工日	75.00	94.820	170.170	245.710	385.610
材 料	电焊条 结 422 φ2.5	kg	5.04	3.600	3.600	3.600	3.600
	水	t	4.00	22.000	21.000	21.000	21.000
	黏土	m³	25.00	17.640	20.040	20.040	20.040
	其他材料费	元	–	0.260	0.260	0.260	0.260
	设备摊销费	元	–	106.800	106.800	106.800	106.800
机 械	电动冲击钻机30型	台班	590.67	33.200	60.940	88.910	145.500
	交流弧焊机30kV·A	台班	91.14	0.440	0.440	0.440	0.440

二、转盘钻机成孔

工作内容: 1.安、拆泥浆循环系统并造浆。2.准备钻具,装、拆、移钻架与钻机。
3.钻进、提钻、压泥浆、浮渣、清理泥浆池沉渣。4.清孔、测量孔深。

单位:10m

定　　额　　编　　号			2-2-57	2-2-58	2-2-59	2-2-60
项　　　　　目			桩径60cm以内			
			孔深20m以内			
			砂土、黏土	砂砾	砾石	卵石
基　　价　　(元)			**2595.81**	**3989.28**	**5603.28**	**6840.25**
其中	人　工　费　(元)		1384.50	1839.75	2339.25	2719.50
	材　料　费　(元)		334.06	430.57	431.57	509.45
	机　械　费　(元)		877.25	1718.96	2832.46	3611.30
名　　　　称	单位	单价(元)	数　　　　　量			
人工 综合工日	工日	75.00	18.460	24.530	31.190	36.260
材料 二等硬木板方材 综合	m³	1900.00	0.022	0.022	0.022	0.022
电焊条 结422 φ2.5	kg	5.04	0.200	0.400	0.600	1.200
铁件	kg	5.30	0.300	0.300	0.300	0.300
水	t	4.00	21.000	15.000	15.000	18.000
黏土	m³	25.00	7.400	11.860	11.860	13.350
其他材料费	元	—	0.660	0.660	0.660	0.660
设备摊销费	元	—	20.000	28.000	28.000	53.600
机械 电动卷扬机(单筒慢速)50kN	台班	145.07	0.120	0.120	0.120	0.120
转盘钻机 1500mm	台班	665.13	1.290	2.550	4.220	5.380
交流弧焊机 30kV·A	台班	91.14	0.020	0.060	0.090	0.170

工作内容:同前

单位:10m

定　额　编　号				2-2-61	2-2-62	2-2-63
项　　　　目				桩径60cm以内		
				孔深20m以内		
				软石	次坚石	坚石
基　　　价　（元）				**10202.10**	**14441.08**	**22607.86**
其中	人　工　费　（元）			3780.00	4965.75	7661.25
	材　料　费　（元）			509.45	533.87	540.42
	机　械　费　（元）			5912.65	8941.46	14406.19
名　　　　称		单位	单价（元）	数		量
人工	综合工日	工日	75.00	50.400	66.210	102.150
材料	二等硬木板方材 综合	m³	1900.00	0.022	0.022	0.022
	电焊条 结422 φ2.5	kg	5.04	1.200	1.800	3.100
	铁件	kg	5.30	0.300	0.300	0.300
	水	t	4.00	18.000	18.000	18.000
	黏土	m³	25.00	13.350	13.350	13.350
	其他材料费	元	－	0.660	0.660	0.660
	设备摊销费	元	－	53.600	75.000	75.000
机械	电动卷扬机(单筒慢速) 50kN	台班	145.07	0.120	0.120	0.120
	转盘钻孔机 1500mm	台班	665.13	8.840	13.380	21.570
	交流弧焊机 30kV·A	台班	91.14	0.170	0.270	0.460

工作内容:同前

单位:10m

定 额 编 号			2-2-64	2-2-65	2-2-66	2-2-67
项 目			桩径60cm以内			
			孔深30m以内			
			砂土、黏土	砂砾	砾石	卵石
基 价 (元)			**2545.72**	**3961.65**	**5596.61**	**6848.74**
其中	人 工 费 (元)		1294.50	1719.00	2186.25	2541.75
	材 料 费 (元)		334.06	430.57	431.57	509.45
	机 械 费 (元)		917.16	1812.08	2978.79	3797.54
名 称	单位	单价(元)	数		量	
人工 综合工日	工日	75.00	17.260	22.920	29.150	33.890
材料 二等硬木板方材 综合	m³	1900.00	0.022	0.022	0.022	0.022
电焊条 结422 φ2.5	kg	5.04	0.200	0.400	0.600	1.200
铁件	kg	5.30	0.300	0.300	0.300	0.300
水	t	4.00	21.000	15.000	15.000	18.000
黏土	m³	25.00	7.400	11.860	11.860	13.350
其他材料费	元	–	0.660	0.660	0.660	0.660
设备摊销费	元	–	20.000	28.000	28.000	53.600
机械 电动卷扬机(单筒慢速)50kN	台班	145.07	0.120	0.120	0.120	0.120
转盘钻孔机 1500mm	台班	665.13	1.350	2.690	4.440	5.660
交流弧焊机 30kV·A	台班	91.14	0.020	0.060	0.090	0.170

工作内容:同前

定　额　编　号			2-2-68	2-2-69	2-2-70
项　　　　　目			桩径60cm以内		
			孔深30m以内		
			软石	次坚石	坚石
基　　价　（元）			**10267.21**	**14116.33**	**22858.45**
其中	人　工　费　（元）		3532.50	4641.00	7160.25
	材　料　费　（元）		509.45	533.87	540.42
	机　械　费　（元）		6225.26	8941.46	15157.78
名　　　　　称	单位	单价(元)	数		量
人工 综合工日	工日	75.00	47.100	61.880	95.470
材料 二等硬木板方材 综合	m³	1900.00	0.022	0.022	0.022
电焊条 结 422 φ2.5	kg	5.04	1.200	1.800	3.100
铁件	kg	5.30	0.300	0.300	0.300
水	t	4.00	18.000	18.000	18.000
黏土	m³	25.00	13.350	13.350	13.350
其他材料费	元	–	0.660	0.660	0.660
设备摊销费	元	–	53.600	75.000	75.000
机械 电动卷扬机(单筒慢速) 50kN	台班	145.07	0.120	0.120	0.120
转盘钻孔机 1500mm	台班	665.13	9.310	13.380	22.700
交流弧焊机 30kV·A	台班	91.14	0.170	0.270	0.460

定　额　编　号			2-2-71	2-2-72	2-2-73	2-2-74
项　　　　目			桩径100cm以内			
			孔深30m以内			
			砂土、黏土	砂砾	砾石	卵石
基　　　价　(元)			**2883.51**	**4440.43**	**6249.44**	**7620.50**
其中	人　工　费　(元)		1575.00	2086.50	2655.00	3085.50
	材　料　费　(元)		334.39	432.50	433.50	516.50
	机　械　费　(元)		974.12	1921.43	3160.94	4018.50
名　　称	单位	单价(元)	数		量	
人工	综合工日	工日	75.00	21.000	27.820	35.400	41.140
材料	二等硬木板方材 综合	m³	1900.00	0.020	0.020	0.020	0.020
	电焊条 结422 φ2.5	kg	5.04	0.200	0.400	0.600	1.200
	铁件	kg	5.30	0.300	0.300	0.300	0.300
	水	t	4.00	21.000	15.000	15.000	18.000
	黏土	m³	25.00	7.400	11.860	11.860	13.350
	其他材料费	元	–	0.790	0.790	0.790	0.790
	设备摊销费	元	–	24.000	33.600	33.600	64.320
机械	电动卷扬机(单筒慢速) 50kN	台班	145.07	0.100	0.100	0.100	0.100
	转盘钻孔机 1500mm	台班	665.13	1.440	2.860	4.720	6.000
	交流弧焊机 30kV·A	台班	91.14	0.020	0.051	0.077	0.145

工作内容:同前

定　额　编　号				2-2-75	2-2-76	2-2-77
项　　　　　目				桩径100cm以内		
				孔深30m以内		
				软石	次坚石	坚石
基　　价　（元）				**11409.70**	**15737.23**	**25342.54**
其中	人　工　费（元）			4284.00	5634.75	8694.00
	材　料　费（元）			520.30	549.00	555.55
	机　械　费（元）			6605.40	9553.48	16092.99
名　　　　称	单位	单价（元）		数		量
人工 综合工日	工日	75.00		57.120	75.130	115.920
材料 二等硬木板方材 综合	m³	1900.00		0.022	0.022	0.022
电焊条 结 422 φ2.5	kg	5.04		1.200	1.800	3.100
铁件	kg	5.30		0.300	0.300	0.300
水	t	4.00		18.000	18.000	18.000
黏土	m³	25.00		13.350	13.350	13.350
其他材料费	元	－		0.790	0.790	0.790
设备摊销费	元	－		64.320	90.000	90.000
机械 电动卷扬机(单筒慢速) 50kN	台班	145.07		0.100	0.100	0.100
转盘钻孔机 1500mm	台班	665.13		9.890	14.310	24.120
交流弧焊机 30kV·A	台班	91.14		0.140	0.230	0.390

工作内容:同前

单位:10m

定 额 编 号				2-2-78	2-2-79	2-2-80	2-2-81
项 目				桩径100cm以内			
				孔深40m以内			
				砂土、黏土	砂砾	砾石	卵石
基 价 (元)				**2796.97**	**4486.11**	**6421.44**	**7947.57**
其 中	人 工 费 (元)			1461.75	2019.00	2634.00	3106.50
	材 料 费 (元)			324.10	422.21	423.21	506.21
	机 械 费 (元)			1011.12	2044.90	3364.23	4334.86
名 称	单位	单价(元)		数		量	
人工 综合工日	工日	75.00		19.490	26.920	35.120	41.420
材 料	二等硬木板方材 综合	m³	1900.00	0.015	0.015	0.015	0.015
	电焊条 结422 φ2.5	kg	5.04	0.200	0.400	0.600	1.200
	铁件	kg	5.30	0.200	0.200	0.200	0.200
	水	t	4.00	21.000	15.000	15.000	18.000
	黏土	m³	25.00	7.400	11.860	11.860	13.350
	其他材料费	元	–	0.530	0.530	0.530	0.530
	设备摊销费	元	–	24.000	33.600	33.600	64.320
机 械	电动卷扬机(单筒慢速)50kN	台班	145.07	0.080	0.080	0.080	0.080
	转盘钻孔机 1500mm	台班	665.13	1.500	3.050	5.030	6.480
	交流弧焊机 30kV·A	台班	91.14	0.020	0.051	0.077	0.145

工作内容:同前

定　额　编　号				2-2-82	2-2-83	2-2-84
项　　　　　　目				桩径100cm以内		
				孔深40m以内		
				软石	次坚石	坚石
基　　　价　（元）				**12081.27**	**16806.85**	**27456.98**
其中	人　工　费　（元）			4420.50	5903.25	9277.50
	材　料　费　（元）			506.21	534.91	541.46
	机　械　费　（元）			7154.56	10368.69	17638.02
名　　　　称		单位	单价(元)	数		量
人工	综合工日	工日	75.00	58.940	78.710	123.700
材料	二等硬木板方材 综合	m³	1900.00	0.015	0.015	0.015
	电焊条 结422 φ2.5	kg	5.04	1.200	1.800	3.100
	铁件	kg	5.30	0.200	0.200	0.200
	水	t	4.00	18.000	18.000	18.000
	黏土	m³	25.00	13.350	13.350	13.350
	其他材料费	元	－	0.530	0.530	0.530
	设备摊销费	元	－	64.320	90.000	90.000
机械	电动卷扬机(单筒慢速) 50kN	台班	145.07	0.080	0.080	0.080
	转盘钻孔机 1500mm	台班	665.13	10.720	15.540	26.450
	交流弧焊机 30kV·A	台班	91.14	0.140	0.230	0.370

工作内容:同前

定 额 编 号			2-2-85	2-2-86	2-2-87	2-2-88
项 目			桩径120cm以内			
			孔深40m以内			
			砂土、黏土	砂砾	砾石	卵石
基 价 （元）			**3244.59**	**5194.81**	**7269.75**	**8956.16**
其中	人 工 费 （元）		1776.75	2408.25	3069.75	3590.25
	材 料 费 （元）		451.81	590.42	591.42	686.92
	机 械 费 （元）		1016.03	2196.14	3608.58	4678.99
名 称	单位	单价(元)	数		量	
人工 综合工日	工日	75.00	23.690	32.110	40.930	47.870
材料	二等硬木板方材 综合	m³	1900.00	0.018	0.018	0.018	0.018
	电焊条 结422 φ2.5	kg	5.04	0.200	0.400	0.600	1.200
	铁件	kg	5.30	0.200	0.200	0.200	0.200
	水	t	4.00	31.000	23.000	23.000	25.000
	黏土	m³	25.00	10.670	17.070	17.070	19.220
	其他材料费	元	—	0.790	0.790	0.790	0.790
	设备摊销费	元	—	24.000	33.600	33.600	64.320
机械	电动卷扬机(单筒慢速)50kN	台班	145.07	0.068	0.068	0.068	0.068
	转盘钻孔机 1500mm	台班	665.13	1.510	3.280	5.400	7.000
	交流弧焊机 30kV·A	台班	91.14	0.020	0.051	0.077	0.145

工作内容:同前

定 额 编 号				2-2-89	2-2-90	2-2-91
项 目				桩径120cm以内		
				孔深40m以内		
				软石	次坚石	坚石
基 价 (元)				**13407.99**	**18428.65**	**29736.57**
其中	人 工 费 (元)			5009.25	6607.50	10187.25
	材 料 费 (元)			686.92	715.62	722.17
	机 械 费 (元)			7711.82	11105.53	18827.15
名 称		单位	单价(元)	数		量
人工	综合工日	工日	75.00	66.790	88.100	135.830
材料	二等硬木板方材 综合	m³	1900.00	0.018	0.018	0.018
	电焊条 结 422 φ2.5	kg	5.04	1.200	1.800	3.100
	铁件	kg	5.30	0.200	0.200	0.200
	水	t	4.00	25.000	25.000	25.000
	黏土	m³	25.00	19.220	19.220	19.220
	其他材料费	元	–	0.790	0.790	0.790
	设备摊销费	元	–	64.320	90.000	90.000
机械	电动卷扬机(单筒慢速) 50kN	台班	145.07	0.070	0.070	0.070
	转盘钻孔机 1500mm	台班	665.13	11.560	16.650	28.240
	交流弧焊机 30kV·A	台班	91.14	0.140	0.230	0.370

工作内容:同前

定 额 编 号			2-2-92	2-2-93	2-2-94	2-2-95
项 目			桩径120cm以内			
			孔深50m以内			
			砂土、黏土	砂砾	砾石	卵石
基 价 (元)			**3309.29**	**5345.99**	**7645.48**	**9445.53**
其中	人 工 费 (元)		1740.75	2418.00	3144.00	3711.00
	材 料 费 (元)		442.05	580.66	582.17	677.66
	机 械 费 (元)		1126.49	2347.33	3919.31	5056.87
名 称	单位	单价(元)	数		量	
人工 综合工日	工日	75.00	23.210	32.240	41.920	49.480
材料 二等硬木板方材 综合	m³	1900.00	0.013	0.013	0.013	0.013
电焊条 结422 φ2.5	kg	5.04	0.200	0.400	0.700	1.300
铁件	kg	5.30	0.200	0.200	0.200	0.200
水	t	4.00	31.000	23.000	23.000	25.000
黏土	m³	25.00	10.670	17.070	17.070	19.220
其他材料费	元	–	0.530	0.530	0.530	0.530
设备摊销费	元	–	24.000	33.600	33.600	64.320
机械 电动卷扬机(单筒慢速)50kN	台班	145.07	0.050	0.050	0.050	0.050
转盘钻孔机 1500mm	台班	665.13	1.680	3.510	5.870	7.570
交流弧焊机 30kV·A	台班	91.14	0.020	0.060	0.085	0.160

工作内容:同前

定 额 编 号				2-2-96	2-2-97	2-2-98
项 目				桩径120cm以内		
				孔深50m以内		
				软石	次坚石	坚石
基 价 (元)				14383.09	19920.18	32513.40
其中	人 工 费 (元)			5283.00	7038.00	11022.75
	材 料 费 (元)			677.66	706.87	713.93
	机 械 费 (元)			8422.43	12175.31	20776.72
名 称		单位	单价(元)	数		量
人工	综合工日	工日	75.00	70.440	93.840	146.970
材料	二等硬木板方材 综合	m³	1900.00	0.013	0.013	0.013
	电焊条 结422 φ2.5	kg	5.04	1.300	2.000	3.400
	铁件	kg	5.30	0.200	0.200	0.200
	水	t	4.00	25.000	25.000	25.000
	黏土	m³	25.00	19.220	19.220	19.220
	其他材料费	元	—	0.530	0.530	0.530
	设备摊销费	元	—	64.320	90.000	90.000
机械	电动卷扬机(单筒慢速) 50kN	台班	145.07	0.050	0.050	0.050
	转盘钻孔机 1500mm	台班	665.13	12.630	18.260	31.170
	交流弧焊机 30kV·A	台班	91.14	0.160	0.250	0.410

定 额 编 号			2-2-99	2-2-100	2-2-101	2-2-102
项 目			桩径120cm以内			
			孔深60m以内			
			砂土、黏土	砂砾	砾石	卵石
基 价 (元)			**3395.83**	**5612.48**	**8123.91**	**10093.11**
其中	人 工 费 (元)		1745.25	2476.50	3275.25	3895.50
	材 料 费 (元)		437.72	576.83	577.84	674.34
	机 械 费 (元)		1212.86	2559.15	4270.82	5523.27
名 称	单位	单价(元)	数		量	
人工 综合工日	工日	75.00	23.270	33.020	43.670	51.940
材料 二等硬木板方材 综合	m³	1900.00	0.011	0.011	0.011	0.011
电焊条 结422 φ2.5	kg	5.04	0.200	0.500	0.700	1.500
铁件	kg	5.30	0.100	0.100	0.100	0.100
水	t	4.00	31.000	23.000	23.000	25.000
黏土	m³	25.00	10.670	17.070	17.070	19.220
其他材料费	元	–	0.530	0.530	0.530	0.530
设备摊销费	元	–	24.000	33.600	33.600	64.320
机械 电动卷扬机(单筒慢速) 50kN	台班	145.07	0.043	0.043	0.043	0.043
转盘钻孔机 1500mm	台班	665.13	1.810	3.830	6.400	8.270
交流弧焊机 30kV·A	台班	91.14	0.030	0.060	0.085	0.180

工作内容:同前

定 额 编 号			2-2-103	2-2-104	2-2-105
项 目			桩径120cm以内		
			孔深60m以内		
			软石	次坚石	坚石
基 价 (元)			**15510.23**	**21676.71**	**35497.81**
其中	人 工 费 (元)		5614.50	7553.25	11958.75
	材 料 费 (元)		674.34	703.55	711.11
	机 械 费 (元)		9221.39	13419.91	22827.95
名 称	单位	单价(元)	数		量
人工 综合工日	工日	75.00	74.860	100.710	159.450
材料 二等硬木板方材 综合	m³	1900.00	0.011	0.011	0.011
电焊条 结422 φ2.5	kg	5.04	1.500	2.200	3.700
铁件	kg	5.30	0.100	0.100	0.100
水	t	4.00	25.000	25.000	25.000
黏土	m³	25.00	19.220	19.220	19.220
其他材料费	元	–	0.530	0.530	0.530
设备摊销费	元	–	64.320	90.000	90.000
机械 电动卷扬机(单筒慢速) 50kN	台班	145.07	0.043	0.043	0.043
转盘钻孔机 1500mm	台班	665.13	13.830	20.130	34.250
交流弧焊机 30kV·A	台班	91.14	0.180	0.270	0.450

工作内容:同前

定　额　编　号			2-2-106	2-2-107	2-2-108	2-2-109
项　　　　目			桩径150cm以内			
			孔深40m以内			
			砂土、黏土	砂砾	砾石	卵石
基　　价　（元）			**4282.67**	**6322.40**	**8659.68**	**10515.81**
其中	人　工　费　（元）		2465.25	3093.00	3910.50	4488.75
	材　料　费　（元）		673.81	879.17	880.18	1018.68
	机　械　费　（元）		1143.61	2350.23	3869.00	5008.38
名　　　　　称	单位	单价（元）	数		量	
人工 综合工日	工日	75.00	32.870	41.240	52.140	59.850
材料	二等硬木板方材 综合	m³	1900.00	0.018	0.018	0.018	0.018
	电焊条 结422 φ2.5	kg	5.04	0.200	0.500	0.700	1.500
	铁件	kg	5.30	0.200	0.200	0.200	0.200
	水	t	4.00	49.000	35.000	35.000	40.000
	黏土	m³	25.00	16.670	26.680	26.680	30.030
	其他材料费	元	－		0.790	0.790	0.790
	设备摊销费	元	－	24.000	33.600	33.600	64.320
机械	电动卷扬机（单筒慢速）50kN	台班	145.07	0.070	0.070	0.070	0.070
	转盘钻孔机 1500mm	台班	665.13	1.700	3.510	5.790	7.490
	交流弧焊机 30kV·A	台班	91.14	0.030	0.060	0.085	0.180

工作内容:同前

单位:10m

定　额　编　号				2-2-110	2-2-111	2-2-112
项　　　　　目				桩径 150cm 以内		
				孔深 40m 以内		
				软石	次坚石	坚石
基　　　价　　　(元)				**15364.81**	**20891.25**	**32997.22**
其中	人　工　费　(元)			6018.75	7764.00	11625.00
	材　料　费　(元)			1018.68	1047.89	1055.45
	机　械　费　(元)			8327.38	12079.36	20316.77
名　　　　称		单位	单价(元)	数		量
人工	综合工日	工日	75.00	80.250	103.520	155.000
材料	二等硬木板方材 综合	m³	1900.00	0.018	0.018	0.018
	电焊条 结 422 φ2.5	kg	5.04	1.500	2.200	3.700
	铁件	kg	5.30	0.200	0.200	0.200
	水	t	4.00	40.000	40.000	40.000
	黏土	m³	25.00	30.030	30.030	30.030
	其他材料费	元	—	0.790	0.790	0.790
	设备摊销费	元	—	64.320	90.000	90.000
机械	电动卷扬机(单筒慢速) 50kN	台班	145.07	0.070	0.070	0.070
	转盘钻孔机 1500mm	台班	665.13	12.480	18.110	30.470
	交流弧焊机 30kV·A	台班	91.14	0.180	0.260	0.440

工作内容:同前

单位:10m

定　额　编　号				2-2-113	2-2-114	2-2-115	2-2-116
项　　　　　　目				桩径 150cm 以内			
				孔深 60m 以内			
				砂土、黏土	砂砾	砾石	卵石
基　　价　（元）				**4391.75**	**6870.88**	**9569.50**	**11758.86**
其中	人　工　费　（元）			2412.75	3259.50	4116.00	4803.00
	材　料　费　（元）			659.72	865.08	862.96	1005.09
	机　械　费　（元）			1319.28	2746.30	4590.54	5950.77
名　　　　称		单位	单价(元)	数		量	
人工	综合工日	工日	75.00	32.170	43.460	54.880	64.040
材料	二等硬木板方材 综合	m³	1900.00	0.011	0.011	0.011	0.011
	电焊条 结 422 φ2.5	kg	5.04	0.200	0.500	0.080	1.600
	铁件	kg	5.30	0.100	0.100	0.100	0.100
	水	t	4.00	49.000	35.000	35.000	40.000
	黏土	m³	25.00	16.670	26.680	26.680	30.030
	其他材料费	元	—	0.530	0.530	0.530	0.530
	设备摊销费	元	—	24.000	33.600	33.600	64.320
机械	电动卷扬机(单筒慢速) 50kN	台班	145.07	0.043	0.043	0.043	0.043
	转盘钻孔机 1500mm	台班	665.13	1.970	4.110	6.880	8.910
	交流弧焊机 30kV·A	台班	91.14	0.030	0.070	0.090	0.200

定　额　编　号				2-2-117	2-2-118	2-2-119
项　　　　目				桩径150cm以内		
				孔深60m以内		
				软石	次坚石	坚石
基　　　价　（元）				**17545.35**	**24156.46**	**38932.11**
其中	人　工　费（元）			6644.25	8720.25	13413.75
	材　料　费（元）			1005.09	1034.81	1042.87
	机　械　费（元）			9896.01	14401.40	24475.49
名　　　称		单位	单价（元）	数		量
人工	综合工日	工日	75.00	88.590	116.270	178.850
材料	二等硬木板方材 综合	m³	1900.00	0.011	0.011	0.011
	电焊条 结422 φ2.5	kg	5.04	1.600	2.400	4.000
	铁件	kg	5.30	0.100	0.100	0.100
	水	t	4.00	40.000	40.000	40.000
	黏土	m³	25.00	30.030	30.030	30.030
	其他材料费	元	－	0.530	0.530	0.530
	设备摊销费	元	－	64.320	90.000	90.000
机械	电动卷扬机（单筒慢速）50kN	台班	145.07	0.050	0.050	0.050
	转盘钻孔机 1500mm	台班	665.13	14.840	21.600	36.720
	交流弧焊机 30kV·A	台班	91.14	0.200	0.300	0.490

工作内容:同前

单位:10m

定　额　编　号				2-2-120	2-2-121	2-2-122	2-2-123
项　　　目				桩径150cm以内			
				孔深80m以内			
				砂土、黏土	砂砾	砾石	卵石
基　　价　（元）				**4677.56**	**7593.91**	**10848.94**	**13386.24**
其中	人　工　费　（元）			2465.25	3448.50	4505.25	5283.00
	材　料　费　（元）			654.02	859.88	861.40	1000.40
	机　械　费　（元）			1558.29	3285.53	5482.29	7102.84
名　　　　称		单位	单价（元）	数			量
人工	综合工日	工日	75.00	32.870	45.980	60.070	70.440
材料	二等硬木板方材 综合	m³	1900.00	0.008	0.008	0.008	0.008
	电焊条 结422 φ2.5	kg	5.04	0.200	0.600	0.900	1.800
	铁件	kg	5.30	0.100	0.100	0.100	0.100
	水	t	4.00	49.000	35.000	35.000	40.000
	黏土	m³	25.00	16.670	26.680	26.680	30.030
	其他材料费	元	–	0.530	0.530	0.530	0.530
	设备摊销费	元	–	24.000	33.600	33.600	64.320
机械	电动卷扬机（单筒慢速）50kN	台班	145.07	0.040	0.040	0.040	0.040
	转盘钻孔机 1500mm	台班	665.13	2.330	4.920	8.220	10.640
	交流弧焊机 30kV・A	台班	91.14	0.030	0.080	0.100	0.220

定　额　编　号				2-2-124	2-2-125	2-2-126
项　　　　　　目				桩径150cm以内		
				孔深80m以内		
				软石	次坚石	坚石
基　　　价　（元）				**20480.44**	**28417.02**	**46269.07**
其中	人　工　费　（元）			7521.75	10044.75	15716.25
	材　料　费　（元）			1000.40	1030.62	1039.19
	机　械　费　（元）			11958.29	17341.65	29513.63
名　　　　　　称		单位	单价（元）	数		量
人工	综合工日	工日	75.00	100.290	133.930	209.550
材料	二等硬木板方材 综合	m³	1900.00	0.008	0.008	0.008
	电焊条 结422 φ2.5	kg	5.04	1.800	2.700	4.400
	铁件	kg	5.30	0.100	0.100	0.100
	水	t	4.00	40.000	40.000	40.000
	黏土	m³	25.00	30.030	30.030	30.030
	其他材料费	元	–	0.530	0.530	0.530
	设备摊销费	元	–	64.320	90.000	90.000
机械	电动卷扬机(单筒慢速) 50kN	台班	145.07	0.040	0.040	0.040
	转盘钻孔机 1500mm	台班	665.13	17.940	26.020	44.290
	交流弧焊机 30kV·A	台班	91.14	0.220	0.320	0.540

工作内容:同前

单位:10m

定 额 编 号				2-2-127	2-2-128	2-2-129	2-2-130
项 目				桩径200cm以内			
				孔深40m以内			
				砂土、黏土	砂砾	砾石	卵石
基 价 (元)				**6318.91**	**9092.94**	**11773.05**	**14067.52**
其中	人 工 费 (元)			3821.25	4777.50	5624.25	6349.50
	材 料 费 (元)			1166.36	1529.60	1531.12	1759.14
	机 械 费 (元)			1331.30	2785.84	4617.68	5958.88
名 称		单位	单价(元)	数			量
人工	综合工日	工日	75.00	50.950	63.700	74.990	84.660
材料	二等硬木板方材 综合	m³	1900.00	0.023	0.023	0.023	0.023
	电焊条 结422 φ2.5	kg	5.04	0.200	0.600	0.900	1.800
	铁件	kg	5.30	0.200	0.200	0.200	0.200
	水	t	4.00	87.000	63.000	63.000	71.000
	黏土	m³	25.00	29.630	47.420	47.420	53.380
	其他材料费	元	–	1.120	1.120	1.120	1.130
	设备摊销费	元	–	30.720	43.200	43.200	85.680
机械	电动卷扬机(单筒慢速)50kN	台班	145.07	0.080	0.080	0.080	0.080
	转盘钻孔机 1500mm	台班	665.13	1.980	4.160	6.910	8.910
	交流弧焊机 30kV·A	台班	91.14	0.030	0.080	0.110	0.230

工作内容:同前

定 额 编 号				2-2-131	2-2-132	2-2-133
项 目				桩径200cm以内		
				孔深40m以内		
				软石	次坚石	坚石
基 价 (元)				**19839.59**	**26371.66**	**41186.56**
其中	人 工 费 (元)			8184.00	10250.25	14949.00
	材 料 费 (元)			1759.14	1798.48	1807.56
	机 械 费 (元)			9896.45	14322.93	24430.00
名 称		单位	单价(元)	数		量
人工	综合工日	工日	75.00	109.120	136.670	199.320
材料	二等硬木板方材 综合	m³	1900.00	0.023	0.023	0.023
	电焊条 结422 φ2.5	kg	5.04	1.800	2.800	4.600
	铁件	kg	5.30	0.200	0.200	0.200
	水	t	4.00	71.000	71.000	71.000
	黏土	m³	25.00	53.380	53.380	53.380
	其他材料费	元	–	1.130	1.110	1.120
	设备摊销费	元	–	85.680	120.000	120.000
机械	电动卷扬机(单筒慢速)50kN	台班	145.07	0.080	0.080	0.080
	转盘钻孔机1500mm	台班	665.13	14.830	21.470	36.630
	交流弧焊机30kV・A	台班	91.14	0.230	0.340	0.600

工作内容:同前

定　额　编　号				2-2-134	2-2-135	2-2-136	2-2-137
项　　　　　目				桩径200cm以内			
				孔深60m以内			
				砂土、黏土	砂砾	砾石	卵石
基　　　价　　（元）				**6449.35**	**9641.25**	**12886.83**	**15555.45**
其中	人　工　费　（元）			3759.00	4867.50	5886.75	6738.75
	材　料　费　（元）			1150.67	1513.93	1515.44	1743.95
	机　械　费　（元）			1539.68	3259.82	5484.64	7072.75
名　　　称		单位	单价（元）	数			量
人工	综合工日	工日	75.00	50.120	64.900	78.490	89.850
材料	二等硬木板方材 综合	m³	1900.00	0.015	0.015	0.015	0.015
	电焊条 结422 φ2.5	kg	5.04	0.300	0.700	1.000	2.000
	铁件	kg	5.30	0.100	0.100	0.100	0.100
	水	t	4.00	87.000	63.000	63.000	71.000
	黏土	m³	25.00	29.630	47.420	47.420	53.380
	其他材料费	元	－		0.660	0.670	0.670	0.660
	设备摊销费	元	－		30.720	43.200	43.200	85.680
机械	电动卷扬机(单筒慢速)50kN	台班	145.07	0.043	0.043	0.043	0.043
	转盘钻孔机 1500mm	台班	665.13	2.300	4.880	8.190	10.590
	交流弧焊机 30kV·A	台班	91.14	0.040	0.085	0.340	0.250

工作内容:同前

定　额　编　号				2-2-138	2-2-139	2-2-140
项　　　　目				桩径200cm以内		
				孔深60m以内		
				软石	次坚石	坚石
基　　　价　（元）				**22516.13**	**30467.54**	**37140.36**
其中	人　工　费（元）			8943.75	11469.00	17104.50
	材　料　费（元）			1743.95	1778.27	1793.39
	机　械　费（元）			11828.43	17220.27	18242.47
名　　　称		单位	单价（元）	数		量
人工	综合工日	工日	75.00	119.250	152.920	228.060
材料	二等硬木板方材 综合	m³	1900.00	0.015	0.015	0.015
	电焊条 结422 φ2.5	kg	5.04	2.000	2.000	5.000
	铁件	kg	5.30	0.100	0.100	0.100
	水	t	4.00	71.000	71.000	71.000
	黏土	m³	25.00	53.380	53.380	53.380
	其他材料费	元	−	0.660	0.660	0.660
	设备摊销费	元	−	85.680	120.000	120.000
机械	电动卷扬机(单筒慢速) 50kN	台班	145.07	0.043	0.043	0.043
	转盘钻孔机 1500mm	台班	665.13	17.740	25.830	27.360
	交流弧焊机 30kV·A	台班	91.14	0.250	0.370	0.420

工作内容:同前

单位:10m

定　额　编　号			2-2-141	2-2-142	2-2-143	2-2-144
项　　　目			桩径200cm以内			
			孔深80m以内			
			砂土、黏土	砂砾	砾石	卵石
基　　价　　(元)			**6806.59**	**10530.25**	**14391.94**	**17564.97**
其中	人　工　费　(元)		3831.75	5109.00	6334.50	7343.25
	材　料　费　(元)		1142.94	1503.39	1507.30	1737.24
	机　械　费　(元)		1831.90	3917.86	6550.14	8484.48
名　　　称	单位	单价(元)	数		量	
人工 综合工日	工日	75.00	51.090	68.120	84.460	97.910
材料 二等硬木板方材 综合	m³	1900.00	0.011	0.010	0.011	0.011
电焊条 结 422 φ2.5	kg	5.04	0.300	0.700	1.100	2.200
铁件	kg	5.30	0.100	0.100	0.100	0.100
水	t	4.00	87.000	63.000	63.000	71.000
黏土	m³	25.00	29.630	47.420	47.420	53.380
其他材料费	元	–		0.530	0.530	0.540
设备摊销费	元	–		30.720	42.300	42.300	85.680
机械 电动卷扬机(单筒慢速)50kN	台班	145.07	0.040	0.040	0.040	0.040
转盘钻孔机 1500mm	台班	665.13	2.740	5.870	9.820	12.720
交流弧焊机 30kV·A	台班	91.14	0.040	0.085	0.140	0.200

工作内容:同前

定 额 编 号				2-2-145	2-2-146	2-2-147
项 目				桩径 200cm 以内		
				孔深 80m 以内		
				软石	次坚石	坚石
基 价 (元)				**25937.67**	**35492.55**	**57042.07**
其中	人 工 费 (元)			10002.75	13020.00	19847.25
	材 料 费 (元)			1737.24	1777.09	1788.69
	机 械 费 (元)			14197.68	20695.46	35406.13
名 称		单位	单价(元)	数		量
人工	综合工日	工日	75.00	133.370	173.600	264.630
材料	二等硬木板方材 综合	m³	1900.00	0.011	0.011	0.011
	电焊条 结 422 φ2.5	kg	5.04	2.200	3.300	5.600
	铁件	kg	5.30	0.100	0.100	0.100
	水	t	4.00	71.000	71.000	71.000
	黏土	m³	25.00	53.380	53.380	53.380
	其他材料费	元	–	0.540	0.530	0.540
	设备摊销费	元	–	85.680	120.000	120.000
机械	电动卷扬机(单筒慢速) 50kN	台班	145.07	0.040	0.040	0.040
	转盘钻孔机 1500mm	台班	665.13	21.300	31.050	53.130
	交流弧焊机 30kV·A	台班	91.14	0.270	0.410	0.680

工作内容:同前

单位:10m

定 额 编 号				2-2-148	2-2-149	2-2-150	2-2-151
项 目				桩径200cm以内			
				孔深100m以内			
				砂土、黏土	砂砾	砾石	卵石
基 价 (元)				**7304.70**	**11644.21**	**16337.31**	**20090.99**
其中	人 工 费 (元)			3969.00	5440.50	6927.75	8121.75
	材 料 费 (元)			1139.15	1501.99	1504.01	1734.45
	机 械 费 (元)			2196.55	4701.72	7905.55	10234.79
名 称		单位	单价(元)	数		量	
人工	综合工日	工日	75.00	52.920	72.540	92.370	108.290
材料	二等硬木板方材 综合	m³	1900.00	0.009	0.009	0.009	0.009
	电焊条 结422 φ2.5	kg	5.04	0.300	0.800	1.200	2.400
	铁件	kg	5.30	0.100	0.100	0.100	0.100
	水	t	4.00	87.000	63.000	63.000	71.000
	黏土	m³	25.00	29.630	47.420	47.420	53.380
	其他材料费	元	–	0.540	0.530	0.530	0.540
	设备摊销费	元	–	30.720	42.300	42.300	85.680
机械	电动卷扬机(单筒慢速)50kN	台班	145.07	0.030	0.030	0.030	0.030
	转盘钻孔机 1500mm	台班	665.13	3.290	7.050	11.860	15.340
	交流弧焊机 30kV·A	台班	91.14	0.043	0.090	0.140	0.300

工作内容: 同前

定 额 编 号				2-2-152	2-2-153	2-2-154
项 目				桩径200cm以内		
				孔深100m以内		
				软石	次坚石	坚石
基 价 (元)				**30266.04**	**42945.73**	**67913.72**
其 中	人 工 费 (元)			11359.50	16154.25	23280.00
	材 料 费 (元)			1734.45	1775.31	1787.41
	机 械 费 (元)			17172.09	25016.17	42846.31
名 称		单位	单价(元)	数		量
人工	综合工日	工日	75.00	151.460	215.390	310.400
材 料	二等硬木板方材 综合	m³	1900.00	0.009	0.009	0.009
	电焊条 结422 φ2.5	kg	5.04	2.400	3.700	6.100
	铁件	kg	5.30	0.100	0.100	0.100
	水	t	4.00	71.000	71.000	71.000
	黏土	m³	25.00	53.380	53.380	53.380
	其他材料费	元	—	0.540	0.530	0.540
	设备摊销费	元	—	85.680	120.000	120.000
机 械	电动卷扬机(单筒慢速) 50kN	台班	145.07	0.030	0.003	0.030
	转盘钻孔机 1500mm	台班	665.13	25.770	37.550	64.310
	交流弧焊机 30kV·A	台班	91.14	0.300	0.440	0.740

定 额 编 号			2-2-155	2-2-156	2-2-157	2-2-158
项 目			桩径250cm以内			
			孔深40m以内			
			砂土、黏土	砂砾	砾石	卵石
基 价 (元)			**8650.92**	**11993.13**	**14862.62**	**17491.76**
其中	人 工 费 (元)		5424.75	6633.75	7543.50	8373.00
	材 料 费 (元)		1795.10	2360.70	2362.22	2700.94
	机 械 费 (元)		1431.07	2998.68	4956.90	6417.82
名 称	单位	单价(元)	数		量	
人工 综合工日	工日	75.00	72.330	88.450	100.580	111.640
材料 二等硬木板方材 综合	m³	1900.00	0.028	0.028	0.028	0.028
电焊条 结422 φ2.5	kg	5.04	0.200	0.600	0.900	1.800
铁件	kg	5.30	0.200	0.200	0.200	0.200
水	t	4.00	135.000	98.000	98.000	111.000
黏土	m³	25.00	46.300	74.100	74.100	83.410
其他材料费	元	–	1.330	1.320	1.320	1.320
设备摊销费	元	–	41.000	57.600	57.600	107.040
机械 电动卷扬机(单筒慢速)50kN	台班	145.07	0.080	0.080	0.080	0.080
转盘钻孔机 1500mm	台班	665.13	2.130	4.480	7.420	9.600
交流弧焊机 30kV・A	台班	91.14	0.030	0.080	0.110	0.230

工作内容:同前

定　额　编　号					2-2-159	2-2-160	2-2-161
项　　　目					桩径 250cm 以内		
					孔深 40m 以内		
					软石	次坚石	坚石
基　　　价　（元）					**23696.18**	**31975.28**	**46880.53**
其 中	人　工　费　（元）				10360.50	12588.75	17688.00
	材　料　费　（元）				2700.94	2748.94	2757.48
	机　械　费　（元）				10634.74	16637.59	26435.05
名　　　称		单位	单价（元）	数		量	
人工	综合工日	工日	75.00	138.140	167.850	235.840	
材 料	二等硬木板方材 综合	m³	1900.00	0.028	0.028	0.028	
	电焊条 结 422 φ2.5	kg	5.04	1.800	2.800	4.600	
	铁件	kg	5.30	0.200	0.200	0.100	
	水	t	4.00	111.000	111.000	111.000	
	黏土	m³	25.00	83.410	83.410	83.410	
	其他材料费	元	—	1.320	1.320	1.320	
	设备摊销费	元	—	107.040	150.000	150.000	
机 械	电动卷扬机(单筒慢速) 50kN	台班	145.07	0.080	0.080	0.080	
	转盘钻孔机 1500mm	台班	665.13	15.940	24.950	39.650	
	交流弧焊机 30kV·A	台班	91.14	0.230	0.340	0.560	

工作内容:同前

定 额 编 号			2-2-162	2-2-163	2-2-164	2-2-165
项 目			桩径250cm以内			
			孔深60m以内			
			砂土、黏土	砂砾	砾石	卵石
基 价 (元)			**9008.96**	**12997.93**	**16727.24**	**19960.65**
其中	人 工 费 (元)		5393.25	6744.00	7848.00	8814.75
	材 料 费 (元)		1775.70	2341.27	2342.78	2682.01
	机 械 费 (元)		1840.01	3912.66	6536.46	8463.89
名 称	单位	单价(元)	数		量	
人工 综合工日	工日	75.00	71.910	89.920	104.640	117.530
材料 二等硬木板方材 综合	m³	1900.00	0.018	0.018	0.018	0.018
电焊条 结 422 φ2.5	kg	5.04	0.300	0.700	1.000	2.000
铁件	kg	5.30	0.100	0.100	0.100	0.100
水	t	4.00	135.000	98.000	98.000	111.000
黏土	m³	25.00	46.300	74.100	74.100	83.410
其他材料费	元	–	0.920	0.910	0.910	0.910
设备摊销费	元	–	41.040	57.600	57.600	107.040
机械 电动卷扬机(单筒慢速)50kN	台班	145.07	0.050	0.050	0.050	0.050
转盘钻孔机 1500mm	台班	665.13	2.750	5.860	9.800	12.680
交流弧焊机 30kV·A	台班	91.14	0.040	0.085	0.120	0.250

工作内容：同前

定 额 编 号				2-2-166	2-2-167	2-2-168
项 目				桩径 250cm 以内		
				孔深 60m 以内		
				软石	次坚石	坚石
基 价 （元）				**26610.63**	**35291.79**	**54454.59**
其中	人 工 费 （元）			11201.25	13923.75	20004.75
	材 料 费 （元）			2682.01	2730.03	2740.11
	机 械 费 （元）			12727.37	18638.01	31709.73
名 称		单位	单价（元）	数		量
人工	综合工日	工日	75.00	149.350	185.650	266.730
材料	二等硬木板方材 综合	m³	1900.00	0.018	0.018	0.018
	电焊条 结 422 φ2.5	kg	5.04	2.000	3.000	5.000
	铁件	kg	5.30	0.100	0.100	0.100
	水	t	4.00	111.000	111.000	111.000
	黏土	m³	25.00	83.410	83.410	83.410
	其他材料费	元	—	0.910	0.930	0.930
	设备摊销费	元	—	107.040	150.000	150.000
机械	电动卷扬机（单筒慢速）50kN	台班	145.07	0.050	0.050	0.050
	转盘钻孔机 1500mm	台班	665.13	19.090	27.960	47.580
	交流弧焊机 30kV·A	台班	91.14	0.250	0.370	0.610

工作内容:同前

定 额 编 号			2-2-169	2-2-170	2-2-171	2-2-172
项 目			桩径250cm以内			
			孔深80m以内			
			砂土、黏土	砂砾	砾石	卵石
基 价 (元)			9214.01	16400.14	17726.65	21336.43
其中	人 工 费 (元)		5476.50	7007.25	8331.75	9467.25
	材 料 费 (元)		1765.93	2331.51	2333.52	2673.28
	机 械 费 (元)		1971.58	7061.38	7061.38	9195.90
名 称	单位	单价(元)	数		量	
人工 综合工日	工日	75.00	73.020	93.430	111.090	126.230
材料	二等硬木板方材 综合	m³	1900.00	0.013	0.013	0.013	0.013
	电焊条 结 422 φ2.5	kg	5.04	0.300	0.700	1.100	2.200
	铁件	kg	5.30	0.100	0.100	0.100	0.100
	水	t	4.00	135.000	98.000	98.000	111.000
	黏土	m³	25.00	46.300	74.100	74.100	83.410
	其他材料费	元	–	0.650	0.650	0.650	0.670
	设备摊销费	元	–	41.040	57.600	57.600	107.040
机械	电动卷扬机(单筒慢速) 50kN	台班	145.07	0.040	0.040	0.040	0.040
	转盘钻孔机 1500mm	台班	665.13	2.950	10.590	10.590	13.780
	交流弧焊机 30kV·A	台班	91.14	0.040	0.130	0.130	0.270

定 额 编 号				2-2-173	2-2-174	2-2-175
项　　目				桩径250cm以内		
				孔深80m以内		
				软石	次坚石	坚石
基　　价　　(元)				**30334.88**	**40650.34**	**63974.45**
其中	人　工　费　(元)			12346.50	15590.25	23001.00
	材　料　费　(元)			2673.28	2721.76	2733.86
	机　械　费　(元)			15315.10	22338.33	38239.59
名　　称	单位	单价(元)	数	量		
人工	综合工日	工日	75.00	164.620	207.870	306.680
材料	二等硬木板方材 综合	m³	1900.00	0.013	0.013	0.013
	电焊条 结422 φ2.5	kg	5.04	2.200	3.300	5.600
	铁件	kg	5.30	0.100	0.100	0.100
	水	t	4.00	111.000	111.000	111.000
	黏土	m³	25.00	83.410	83.410	83.430
	其他材料费	元	–	0.670	0.650	0.660
	设备摊销费	元	–	107.040	150.000	150.000
机械	电动卷扬机(单筒慢速)50kN	台班	145.07	0.040	0.040	0.040
	转盘钻孔机 1500mm	台班	665.13	22.980	33.520	57.390
	交流弧焊机 30kV·A	台班	91.14	0.270	0.410	0.680

定　额　编　号			2-2-176	2-2-177	2-2-178	2-2-179
项　　　　　目			桩径250cm以内			
			孔深100m以内			
			砂土、黏土	砂砾	砾石	卵石
基　　　价　（元）			**9749.09**	**14747.34**	**19805.89**	**24035.75**
其中	人　工　费　（元）		5624.25	7365.00	8978.25	10312.50
	材　料　费　（元）		1762.01	2328.10	2330.12	2670.35
	机　械　费　（元）		2362.83	5054.24	8497.52	11052.90
名　　　　称	单位	单价(元)	数		量	
人工	综合工日	工日	75.00	74.990	98.200	119.710	137.500
材料	二等硬木板方材 综合	m³	1900.00	0.011	0.011	0.011	0.011
	电焊条 结 422 φ2.5	kg	5.04	0.300	0.800	1.200	2.400
	铁件	kg	5.30	0.100	0.100	0.100	0.100
	水	t	4.00	135.000	98.000	98.000	111.000
	黏土	m³	25.00	46.300	74.100	74.100	83.410
	其他材料费	元	－		0.530	0.540	0.540	0.530
	设备摊销费	元	－		41.040	57.600	57.600	107.040
机械	电动卷扬机(单筒慢速) 50kN	台班	145.07	0.030	0.030	0.030	0.030
	转盘钻孔机 1500mm	台班	665.13	3.540	7.580	12.750	16.570
	交流弧焊机 30kV·A	台班	91.14	0.043	0.090	0.140	0.300

工作内容:同前

定　额　编　号				2-2-180	2-2-181	2-2-182
项　　　　　目				桩径250cm以内		
				孔深100m以内		
				软石	次坚石	坚石
基　　价　　(元)				**35019.46**	**47498.88**	**75596.65**
其中	人　工　费　(元)			13813.50	17750.25	26659.50
	材　料　费　(元)			2670.35	2719.85	2731.94
	机　械　费　(元)			18535.61	27028.78	46205.21
名　　　　称		单位	单价(元)	数		量
人工	综合工日	工日	75.00	184.180	236.670	355.460
材料	二等硬木板方材 综合	m³	1900.00	0.011	0.011	0.011
	电焊条 结422 φ2.5	kg	5.04	2.400	3.700	6.100
	铁件	kg	5.30	0.100	0.100	0.100
	水	t	4.00	111.000	111.000	111.000
	黏土	m³	25.00	83.410	83.410	83.410
	其他材料费	元	–	0.530	0.520	0.520
	设备摊销费	元	–	107.040	150.000	150.000
机械	电动卷扬机(单筒慢速) 50kN	台班	145.07	0.030	0.030	0.030
	转盘钻孔机 1500mm	台班	665.13	27.820	40.570	69.360
	交流弧焊机 30kV·A	台班	91.14	0.300	0.440	0.740

三、潜水钻机冲孔

工作内容:1.安、拆泥浆循环系统并造浆。2.准备钻具,吊就位,移钻机,安拆钻杆及钻头。
　　　　3.钻进、提钻、压泥浆及循环吸渣、浮渣、清理泥浆池沉渣。4.清孔、测量孔深。

单位:10m

定 额 编 号			2-2-183	2-2-184	2-2-185	2-2-186	2-2-187	2-2-188
项 目			桩径200cm以内					
			孔深30m以内					
			砂土、黏土	砂砾	砾石	卵石	软石	次坚石
基 价 (元)			**7514.22**	**9096.37**	**13020.44**	**17096.72**	**24206.76**	**·32948.48**
其中	人 工 费 (元)		3471.00	3874.50	4226.25	4652.25	5277.75	6071.25
	材 料 费 (元)		1120.61	1483.85	1485.37	1713.39	1713.39	1752.73
	机 械 费 (元)		2922.61	3738.02	7308.82	10731.08	17215.62	25124.50
名 称	单位	单价(元)	数			量		
人工 综合工日	工日	75.00	46.280	51.660	56.350	62.030	70.370	80.950
材料 电焊条 结422 φ2.5	kg	5.04	0.200	0.600	0.900	1.800	1.800	2.800
水	t	4.00	87.000	63.000	63.000	71.000	71.000	71.000
黏土	m³	25.00	29.630	47.420	47.420	53.380	53.380	53.380
其他材料费	元	–	0.130	0.130	0.130	0.140	0.140	0.120
设备摊销费	元	–	30.720	43.200	43.200	85.680	85.680	120.000
机械 汽车式起重机 16t	台班	1071.52	0.040	0.040	0.040	0.040	0.040	0.040
履带式起重机 40t	台班	1959.33	0.850	1.080	2.110	3.060	4.910	7.220
潜水钻孔机 2500mm	台班	1091.52	1.110	1.440	2.860	4.280	6.900	9.990
交流弧焊机 30kV·A	台班	91.14	0.030	0.080	0.110	0.230	0.230	0.340

工作内容:同前

定　额　编　号			2-2-189	2-2-190	2-2-191	2-2-192	2-2-193	2-2-194
项　　　目			桩径200cm以内					
			孔深40m以内					
			砂土、黏土	砂砾	砾石	卵石	软石	次坚石
基　　价　（元）			**7588.95**	**9289.38**	**13764.23**	**18235.46**	**26287.80**	**36507.52**
其中	人　工　费　（元）		3390.75	3790.50	4189.50	4657.50	5377.50	6286.50
	材　料　费　（元）		1120.61	1483.85	1485.37	1713.39	1713.39	1752.73
	机　械　费　（元）		3077.59	4015.03	8089.36	11864.57	19196.91	28468.29
名　　称	单位	单价（元）	数			量		
人工 综合工日	工日	75.00	45.210	50.540	55.860	62.100	71.700	83.820
材料 电焊条 结422 φ2.5	kg	5.04	0.200	0.600	0.900	1.800	1.800	2.800
水	t	4.00	87.000	63.000	63.000	71.000	71.000	71.000
黏土	m³	25.00	29.630	47.420	47.420	53.380	53.380	53.380
其他材料费	元	–		0.130	0.130	0.130	0.140	0.140	0.120
设备摊销费	元	–		30.720	43.200	43.200	85.680	85.680	120.000
机械 汽车式起重机 16t	台班	1071.52	0.030	0.030	0.030	0.030	0.030	0.030
履带式起重机 40t	台班	1959.33	0.890	1.160	2.330	3.410	5.520	8.180
潜水钻孔机 2500mm	台班	1091.52	1.190	1.560	3.190	4.700	7.630	11.340
交流弧焊机 30kV·A	台班	91.14	0.030	0.080	0.110	0.230	0.230	0.340

定 额 编 号				2-2-195	2-2-196	2-2-197	2-2-198	2-2-199	2-2-200
项　　　　　目				桩径200cm以内					
				孔深50m以内					
				砂土、黏土	砂砾	砾石	卵石	软石	次坚石
基　　价　（元）				**7843.55**	**9653.72**	**14807.82**	**19876.18**	**29014.53**	**40864.16**
其 中	人　工　费　（元）			3325.50	3763.50	4215.75	4746.75	5571.75	6613.50
	材　料　费　（元）			1121.11	1484.36	1485.87	1714.40	1714.40	1753.74
	机　械　费　（元）			3396.94	4405.86	9106.20	13415.03	21728.38	32496.92
名　　　　称		单位	单价（元）	数			量		
人工	综合工日	工日	75.00	44.340	50.180	56.210	63.290	74.290	88.180
材 料	电焊条 结422 φ2.5	kg	5.04	0.300	0.700	1.000	2.000	2.000	3.000
	水	t	4.00	87.000	63.000	63.000	71.000	71.000	71.000
	黏土	m³	25.00	29.630	47.420	47.420	53.380	53.380	53.380
	其他材料费	元	–	0.130	0.130	0.130	0.140	0.140	0.120
	设备摊销费	元	–	30.720	43.200	43.200	85.680	85.680	120.000
机 械	汽车式起重机 16t	台班	1071.52	0.020	0.020	0.020	0.020	0.020	0.020
	履带式起重机 40t	台班	1959.33	0.980	1.270	2.620	3.860	6.220	9.360
	潜水钻孔机 2500mm	台班	1091.52	1.330	1.730	3.610	5.320	8.700	12.920
	交流弧焊机 30kV·A	台班	91.14	0.040	0.085	0.120	0.260	0.260	0.370

工作内容:同前

单位:10m

定 额 编 号				2-2-201	2-2-202	2-2-203	2-2-204	2-2-205	2-2-206
项 目				桩径 200cm 以内					
				孔深 60m 以内					
				砂土、黏土	砂砾	砾石	卵石	软石	次坚石
基 价 (元)				**8305.91**	**10203.50**	**16117.68**	**21860.67**	**32513.30**	**46042.63**
其中	人 工 费 (元)			3358.50	3779.25	4305.00	4893.75	5844.75	7038.00
	材 料 费 (元)			1121.11	1484.36	1485.87	1714.40	1714.40	1753.74
	机 械 费 (元)			3826.30	4939.89	10326.81	15252.52	24954.15	37250.89
名 称		单位	单价(元)	数			量		
人工	综合工日	工日	75.00	44.780	50.390	57.400	65.250	77.930	93.840
材料	电焊条 结 422 ϕ2.5	kg	5.04	0.300	0.700	1.000	2.000	2.000	3.000
	水	t	4.00	87.000	63.000	63.000	71.000	71.000	71.000
	黏土	m³	25.00	29.630	47.420	47.420	53.380	53.380	53.380
	其他材料费	元	–	0.130	0.130	0.130	0.140	0.140	0.120
	设备摊销费	元	–	30.720	43.200	43.200	85.680	85.680	120.000
机械	汽车式起重机 16t	台班	1071.52	0.020	0.020	0.020	0.020	0.020	0.020
	履带式起重机 40t	台班	1959.33	1.110	1.420	2.970	4.380	7.170	10.700
	潜水钻孔机 2500mm	台班	1091.52	1.490	1.950	4.100	6.070	9.950	14.870
	交流弧焊机 30kV·A	台班	91.14	0.040	0.085	0.120	0.260	0.260	0.370

定 额 编 号			2-2-207	2-2-208	2-2-209	2-2-210	2-2-211	2-2-212
项 目			桩径250cm以内					
			孔深30m以内					
			砂土、黏土	砂砾	砾石	卵石	软石	次坚石
基 价 （元）			**9919.19**	**12019.09**	**16260.90**	**20662.18**	**28278.92**	**38001.73**
其中	人 工 费 （元）		5093.25	5666.25	6050.25	6565.50	7248.75	8105.25
	材 料 费 （元）		1739.67	2305.26	2306.78	2591.97	2591.97	2618.49
	机 械 费 （元）		3086.27	4047.58	7903.87	11504.71	18438.20	27277.99
名 称	单位	单价（元）	数			量		
人工 综合工日	工日	75.00	67.910	75.550	80.670	87.540	96.650	108.070
材料 电焊条 结422 φ2.5	kg	5.04	0.200	0.600	0.900	1.800	1.800	2.800
水	t	4.00	135.000	98.000	98.000	111.000	111.000	111.000
黏土	m³	25.00	46.300	74.100	74.100	83.410	83.410	83.410
其他材料费	元	–	0.120	0.140	0.140	0.130	0.130	0.130
设备摊销费	元	–	41.040	57.600	57.600	53.520	53.520	75.000
机械 汽车式起重机 16t	台班	1071.52	0.030	0.040	0.040	0.040	0.040	0.040
履带式起重机 40t	台班	1959.33	0.900	1.160	2.280	3.310	5.300	7.840
潜水钻孔机 2500mm	台班	1091.52	1.180	1.580	3.100	4.540	7.320	10.850
交流弧焊机 30kV·A	台班	91.14	0.030	0.080	0.110	0.230	0.230	0.340

工作内容:同前

单位:10m

定 额 编 号			2-2-213	2-2-214	2-2-215	2-2-216	2-2-217	2-2-218
项 目			桩径250cm以内					
			孔深40m以内					
			砂土、黏土	砂砾	砾石	卵石	软石	次坚石
基 价 (元)			**10062.32**	**12190.27**	**17081.87**	**22101.37**	**30879.19**	**40432.66**
其中	人 工 费 (元)		4998.75	5582.25	6018.75	6586.50	7365.00	6775.50
	材 料 费 (元)		1739.67	2305.26	2306.78	2645.49	2645.49	2693.49
	机 械 费 (元)		3323.90	4302.76	8756.34	12869.38	20868.70	30963.67
名 称	单位	单价(元)	数			量		
人工 综合工日	工日	75.00	66.650	74.430	80.250	87.820	98.200	90.340
材料 电焊条 结422 φ2.5	kg	5.04	0.200	0.600	0.900	1.800	1.800	2.800
水	t	4.00	135.000	98.000	98.000	111.000	111.000	111.000
黏土	m³	25.00	46.300	74.100	74.100	83.410	83.410	83.410
其他材料费	元	–	0.120	0.140	0.140	0.130	0.130	0.130
设备摊销费	元	–	41.040	57.600	57.600	107.040	107.040	150.000
机械 汽车式起重机 16t	台班	1071.52	0.030	0.030	0.030	0.030	0.030	0.030
履带式起重机 40t	台班	1959.33	0.960	1.240	2.520	3.700	6.000	8.890
潜水钻孔机 2500mm	台班	1091.52	1.290	1.680	3.460	5.100	8.300	12.350
交流弧焊机 30kV·A	台班	91.14	0.030	0.080	0.110	0.230	0.230	0.360

工作内容:同前

定 额 编 号			2-2-219	2-2-220	2-2-221	2-2-222	2-2-223	2-2-224
项　　　目			桩径250cm以内					
			孔深50m以内					
			砂土、黏土	砂砾	砾石	卵石	软石	次坚石
基　　　价　（元）			**10286.15**	**12633.29**	**18213.14**	**24263.84**	**33939.94**	**46621.00**
其中	人　工　费　（元）		4804.50	5562.00	6060.75	6681.00	7579.50	8715.75
	材　料　费　（元）		1740.17	2305.77	2307.28	2646.86	2646.50	2694.50
	机　械　费　（元）		3741.48	4765.52	9845.11	14935.98	23713.94	35210.75
名　　　　　称	单位	单价（元）	数			量		
人工 综合工日	工日	75.00	64.060	74.160	80.810	89.080	101.060	116.210
材料 电焊条 结422 φ2.5	kg	5.04	0.300	0.700	1.000	2.000	2.000	3.000
水	t	4.00	135.000	98.000	98.000	111.000	111.000	111.000
黏土	m³	25.00	46.300	74.100	74.100	83.410	83.410	83.410
其他材料费	元	－	0.120	0.140	0.140	0.130	0.130	0.130
设备摊销费	元	－	41.040	57.600	57.600	107.400	107.040	150.000
机械 汽车式起重机 16t	台班	1071.52	0.020	0.020	0.020	0.020	0.020	0.020
履带式起重机 40t	台班	1959.33	1.050	1.370	2.830	4.380	6.810	10.110
潜水钻孔机 2500mm	台班	1091.52	1.520	1.880	3.910	5.780	9.460	14.060
交流弧焊机 30kV·A	台班	91.14	0.040	0.085	0.120	0.260	0.260	0.370

工作内容:同前

定 额 编 号				2-2-225	2-2-226	2-2-227	2-2-228	2-2-229	2-2-230
项 目				桩径250cm以内					
				孔深60m以内					
				砂土、黏土	砂砾	砾石	卵石	软石	次坚石
基 价 (元)				**10837.61**	**13248.59**	**19644.61**	**26112.49**	**37675.06**	**52380.45**
其中	人 工 费 (元)			4972.50	5582.25	6158.25	6849.00	7879.50	9183.00
	材 料 费 (元)			1740.17	2305.77	2307.28	2646.50	2646.50	2694.50
	机 械 费 (元)			4124.94	5360.57	11179.08	16616.99	27149.06	40502.95
名 称		单位	单价(元)	数			量		
人工	综合工日	工日	75.00	66.300	74.430	82.110	91.320	105.060	122.440
材料	电焊条 结 422 ϕ2.5	kg	5.04	0.300	0.700	1.000	2.000	2.000	3.000
	水	t	4.00	135.000	98.000	98.000	111.000	111.000	111.000
	黏土	m³	25.00	46.300	74.100	74.100	83.410	83.410	83.410
	其他材料费	元	–	0.120	0.140	0.140	0.130	0.130	0.130
	设备摊销费	元	–	41.040	57.600	57.600	107.040	107.040	150.000
机械	汽车式起重机 16t	台班	1071.52	0.020	0.020	0.020	0.020	0.020	0.020
	履带式起重机 40t	台班	1959.33	1.190	1.540	3.210	4.770	7.800	11.630
	潜水钻孔机 2500mm	台班	1091.52	1.620	2.120	4.450	6.620	10.830	16.180
	交流弧焊机 30kV·A	台班	91.14	0.040	0.085	0.120	0.260	0.260	0.370

工作内容:同前

定 额 编 号			2-2-231	2-2-232	2-2-233	2-2-234	2-2-235	2-2-236
项 目			桩径250cm以内					
			孔深80m以内					
			砂土、黏土	砂砾	砾石	卵石	软石	次坚石
基 价 （元）			**12059.99**	**14870.81**	**23340.49**	**31665.10**	**46968.28**	**66229.52**
其中	人 工 费 （元）		5046.00	5687.25	6447.00	7301.25	8667.75	10391.25
	材 料 费 （元）		1740.17	2305.77	2307.78	2647.51	2647.51	2696.01
	机 械 费 （元）		5273.82	6877.79	14585.71	21716.34	35653.02	53142.26
名 称	单位	单价(元)	数		量			
人工 综合工日	工日	75.00	67.280	75.830	85.960	97.350	115.570	138.550
材料 电焊条 结422 φ2.5	kg	5.04	0.300	0.700	1.100	2.200	2.200	3.300
水	t	4.00	135.000	98.000	98.000	111.000	111.000	111.000
黏土	m³	25.00	46.300	74.100	74.100	83.410	83.410	83.410
其他材料费	元	–	0.120	0.140	0.140	0.130	0.130	0.130
设备摊销费	元	–	41.040	57.600	57.600	107.040	107.040	150.000
机械 汽车式起重机 16t	台班	1071.52	0.010	0.010	0.010	0.010	0.010	0.010
履带式起重机 40t	台班	1959.33	1.520	1.980	4.190	6.230	10.240	15.260
潜水钻孔机 2500mm	台班	1091.52	2.090	2.730	5.820	8.680	14.250	21.250
交流弧焊机 30kV·A	台班	91.14	0.040	0.085	0.140	0.270	0.270	0.410

四、旋挖钻机成孔

工作内容：1.安、拆泥浆循环系统并造浆。2.准备机具、钻孔。3.清理钻孔余土，并运至现场150m内指定地点。　　　　　单位：10m³

定　额　编　号				2-2-237
项　　　目				旋挖法成孔
基　　价　（元）				**5542.52**
其 中	人　工　费　（元）			1194.75
	材　料　费　（元）			122.57
	机　械　费　（元）			4225.20
名　　　　称	单位	单价（元）	数　　　　量	
人工 综合工日	工日	75.00	15.930	
材 料	水	t	4.00	10.500
	金属周转材料摊销	kg	6.60	3.730
	其他材料费	元	－	4.970
	设备摊销费	元	－	50.980
机 械	旋挖钻机 200kN·m	台班	3635.66	1.060
	泥浆泵 φ100mm	台班	395.11	0.940

注：入岩增加费按子目人工、机械费用乘以系数1.2。

五、钻(冲)孔灌注混凝土

工作内容：1. 钢筋笼制作、焊接、绑扎、吊装入孔。2. 安放导管及漏斗。3.（非泵送）混凝土配运料、拌和、运输及水下灌注。
4. 泵送混凝土浇捣。

单位：10m³

定 额 编 号				2-2-238	2-2-239	2-2-240	2-2-241	2-2-242	2-2-243
项　　　　　目				混凝土					
				冲击钻孔		冲击钻孔	旋挖钻机、转盘钻机、潜水钻机成孔		旋挖钻机、转盘钻机、潜水钻机成孔
				卷扬机	起重机		卷扬机	起重机	
				配吊斗		泵送	配吊斗		泵送
基　　　　　价　（元）				**5684.31**	**5446.49**	**3581.97**	**5334.39**	**5075.71**	**3403.17**
其中	人　工　费　（元）			2110.50	1402.50	939.75	1944.75	1243.50	892.50
	材　料　费　（元）			3286.79	3286.79	2642.22	3119.74	3119.74	2510.67
	机　械　费　（元）			287.02	757.20	—	269.90	712.47	—
名　　　称	单位	单价（元）		数			量		
人工 综合工日	工日	75.00		28.140	18.700	12.530	25.930	16.580	11.900
材料 普通混凝土 C25	m³	255.00		12.720	12.720	—	12.020	12.020	—
泵送混凝土 C25-5-40(130±30)（碎石）	m³	201.38		—	—	12.790	—	—	12.080
其他材料费	元	—		2.630	2.630	26.010	1.840	1.840	25.200
设备摊销费	元	—		40.560	40.560	40.560	52.800	52.800	52.800
机械 滚筒式混凝土搅拌机(电动) 250L	台班	164.37		0.920	0.920		0.870	0.870	—
汽车式起重机 12t	台班	888.68		—	0.670		—	0.630	
电动卷扬机(单筒快速) 5kN	台班	111.31		1.220	—		1.140	—	
其他机械费	元	—		—	10.560		—	9.600	

定　额　编　号				2-2-244	
项　　　　目				钢筋笼	
基　　　价　（元）				**5633.05**	
其 中	人　工　费　（元）				1065.00
	材　料　费　（元）				4169.49
	机　械　费　（元）				398.56
名　　　　　　　称		单位	单价（元）	数　　　　量	
人工	综合工日	工日	75.00	14.200	
材 料	光圆钢筋（综合）	kg	3.90	205.000	
	螺纹钢筋（综合）	kg	4.00	820.000	
	电焊条 结422 φ2.5	kg	5.04	16.100	
	镀锌铁丝 18~22 号	kg	5.90	1.500	
机 械	电动卷扬机(单筒快速) 5kN	台班	111.31	0.360	
	交流弧焊机 30kV·A	台班	91.14	3.570	
	其他机械费	元	–	33.120	

六、护筒埋设、拆除

工作内容:1. 钢护筒及钢筋混凝土护筒埋设;制、安、拆导向架,吊埋就位、冲抓、振动沉埋、拆除。2. 钢筋混凝土护筒预制;组合钢模组拼拆及安装、拆除、修理、涂脱模剂、堆放,混凝土配运料、拌和、运输、浇注、捣固及养生,钢筋除锈制作、绑扎成型。　　　　　　　　单位:见表

定　额　编　号			2-2-245	2-2-246	2-2-247	2-2-248
项　　　　　目			钢护筒	钢筋混凝土护筒		
			埋设	埋设	混凝土	钢筋
单　　　　　位			t	10m	10m³	t
基　　　价　　(元)			**1615.52**	**5291.75**	**8374.94**	**5559.75**
其中	人　工　费　(元)		836.25	3744.00	4182.00	1402.50
	材　料　费　(元)		722.50	1127.00	2690.77	4108.29
	机　械　费　(元)		56.77	420.75	1502.17	48.96
名　　　　称	单位	单价(元)	数		量	
人工	综合工日	工日	75.00	11.150	49.920	55.760	18.700
材料	预制混凝土 C20-20(砾石)	m³	176.82	-	-	10.100	-
	二等硬木板方材 综合	m³	1900.00	-	-	0.100	-
	光圆钢筋(综合)	kg	3.90	-	-	-	218.000

定 额 编 号			2-2-245	2-2-246	2-2-247	2-2-248
项 目			钢护筒	钢筋混凝土护筒		
				埋设	混凝土	钢筋
材	螺纹钢筋（综合）	kg	4.00	–	–	807.000
	钢护筒	t	6200.00	0.100	–	–
	组合钢模板	kg	5.10	–	–	70.000	–
	铁件	kg	5.30	–	–	36.000	–
	镀锌铁丝 20～22 号	kg	5.90	–	–	–	5.100
	黏土	m³	25.00	4.100	45.080	–	–
料	型钢综合	kg	4.00	–	–	34.000	–
	其他材料费	元	–	–	–	31.090	
机	滚筒式混凝土搅拌机（电动）250L	台班	164.37			0.580	
	履带式起重机 10t	台班	740.50			1.790	
	电动卷扬机（单筒快速）5kN	台班	111.31	0.510	3.780	–	
械	其他机械费	元	–	–	–	81.340	48.960

七、泥浆外运

工作内容:装、卸泥浆,运输。

单位:10m³

定　额　编　号				2-2-249	2-2-250
项　　　　　目				泥浆外运5km	泥浆外运每增1km
基　　价　（元）				**1566.20**	**72.40**
其中	人　工　费　（元）			403.50	－
	材　料　费　（元）			－	－
	机　械　费　（元）			1162.70	72.40
名　　　称		单位	单价（元）	数	量
人工	综合工日	工日	75.00	5.380	－
机械	泥浆运输车4000L	台班	603.35	1.580	0.120
	泥浆泵 φ100mm	台班	395.11	0.530	－

第三章　人工挖孔灌注桩工程

说　明

一、人工挖孔桩不分土壤类别。入岩增加费不分岩石类别和桩深,定额是综合取定的。

二、挖孔中如遇地下流砂、淤泥时,可另行计算。

三、混凝土护壁如需配钢筋时,套用护壁钢筋制安定额。

工程量计算规则

一、人工挖孔桩桩径是指该桩桩芯的最小直径。

二、挖坑井土方体积,按设计图示开挖尺寸自井口顶至桩底以立方米(m^3)计算。

三、护壁体积,按设计图示护壁尺寸自井口顶至扩大头(或桩底)以立方米(m^3)计算。

四、桩芯体积,按设计图示尺寸自桩顶至桩底以立方米(m^3)计算。

五、入岩体积,按实际入岩深度以立方米(m^3)计算。

六、钢筋按施工图和规范要求以吨(t)计算,损耗率为2.5%。

七、截断、修凿混凝土桩头,按实际截断、修凿体积以立方米(m^3)计算。

一、人工挖孔灌注混凝土桩

1. 人工挖坑井土方

工作内容:坑井内挖土、吊土、抛土于坑井边1.5m外、场内50m土方运输堆放;坑井内照明、抽水。　　　　单位:10m³

定　额　编　号				2-3-1	2-3-2	2-3-3	2-3-4	2-3-5	2-3-6
项　　　　　目				挖坑井土方					
				桩径1400mm以内					
				桩深(m)					
				10以内	15以内	20以内	25以内	30以内	30以外
基　　　价　(元)				**2245.19**	**2708.02**	**3349.92**	**4156.03**	**5220.43**	**6568.71**
其中	人　　工　　费　(元)			1790.25	2238.75	2859.00	3651.75	4687.50	6008.25
	材　　料　　费　(元)			24.00	30.00	36.00	42.00	48.00	54.00
	机　　械　　费　(元)			430.94	439.27	454.92	462.28	484.93	506.46
名　　称		单位	单价(元)	数				量	
人工	综合工日	工日	75.00	23.870	29.850	38.120	48.690	62.500	80.110
材料	安全设施及照明	元	—	24.000	30.000	36.000	42.000	48.000	54.000
机械	潜水泵 φ50mm以内	台班	139.23	1.500	1.500	1.500	1.500	1.500	1.500
	吹风机 4m³/min	台班	73.62	2.900	3.000	3.200	3.300	3.500	3.700
	其他机械费	元	—	8.600	9.560	10.490	10.490	18.410	25.220

工作内容：同前

单位：10m³

定 额 编 号				2-3-7	2-3-8	2-3-9	2-3-10	2-3-11	2-3-12
项　　　　　　目				挖坑井土方					
				桩径1800mm以内					
				桩深（m）					
				10 以内	15 以内	20 以内	25 以内	30 以内	30 以外
基　　　价　（元）				**2155.94**	**2569.27**	**3196.17**	**3960.28**	**4986.43**	**6176.46**
其中	人　工　费　（元）			1701.00	2100.00	2705.25	3456.00	4453.50	5616.00
	材　料　费　（元）			24.00	30.00	36.00	42.00	48.00	54.00
	机　械　费　（元）			430.94	439.27	454.92	462.28	484.93	506.46
名　　称		单位	单价（元）	数					量
人工	综合工日	工日	75.00	22.680	28.000	36.070	46.080	59.380	74.880
材料	安全设施及照明	元	—	24.000	30.000	36.000	42.000	48.000	54.000
机械	潜水泵 φ50mm 以内	台班	139.23	1.500	1.500	1.500	1.500	1.500	1.500
	吹风机 4m³/min	台班	73.62	2.900	3.000	3.200	3.300	3.500	3.700
	其他机械费	元	—	8.600	9.560	10.490	10.490	18.410	25.220

工作内容:同前

定 额 编 号			2-3-13	2-3-14	2-3-15	2-3-16	2-3-17	2-3-18
项 目			挖坑井土方					
			桩径1800mm以外					
			桩深(m)					
			10以内	15以内	20以内	25以内	30以内	30以外
基 价 (元)			**2065.94**	**2483.02**	**2962.92**	**3768.28**	**4655.68**	**5817.96**
其中	人 工 费 (元)		1611.00	2013.75	2472.00	3264.00	4122.75	5257.50
	材 料 费 (元)		24.00	30.00	36.00	42.00	48.00	54.00
	机 械 费 (元)		430.94	439.27	454.92	462.28	484.93	506.46
名 称	单位	单价(元)	数				量	
人工 综合工日	工日	75.00	21.480	26.850	32.960	43.520	54.970	70.100
材料 安全设施及照明	元	—	24.000	30.000	36.000	42.000	48.000	54.000
机械 潜水泵 φ50mm以内	台班	139.23	1.500	1.500	1.500	1.500	1.500	1.500
吹风机 4m³/min	台班	73.62	2.900	3.000	3.200	3.300	3.500	3.700
其他机械费	元	—	8.600	9.560	10.490	10.490	18.410	25.220

2.挖孔桩混凝土护壁

工作内容:混凝土搅拌、运输、浇混凝土井壁。

单位:10m³

定 额 编 号			2-3-19	2-3-20	2-3-21	2-3-22	2-3-23	2-3-24
项 目			挖孔桩混凝土护壁					
			桩径1400mm以内					
			桩深(m)					
			10以内	15以内	20以内	25以内	30以内	30以外
基 价 (元)			**4093.19**	**4460.43**	**4916.96**	**5377.71**	**5839.22**	**6615.17**
其中	人 工 费 (元)		1461.75	1827.00	2282.25	2737.50	3193.50	3960.00
	材 料 费 (元)		2190.28	2190.28	2190.28	2190.28	2190.28	2190.28
	机 械 费 (元)		441.16	443.15	444.43	449.93	455.44	464.89
名 称	单位	单价(元)	数			量		
人工 综合工日	工日	75.00	19.490	24.360	30.430	36.500	42.580	52.800
材料 挖孔桩钢模	kg	5.10	29.640	29.640	29.640	29.640	29.640	29.640
现浇混凝土C25-40(砾石)	m³	196.19	10.300	10.300	10.300	10.300	10.300	10.300
钢模维修费	元	—	18.360	18.360	18.360	18.360	18.360	18.360
机械 滚筒式混凝土搅拌机(电动)500L	台班	200.88	2.140	2.140	2.140	2.140	2.140	2.140
其他机械费	元	—	11.280	13.270	14.550	20.050	25.560	35.010

工作内容:同前

单位:10m³

定 额 编 号				2-3-25	2-3-26	2-3-27	2-3-28	2-3-29	2-3-30
项 目				挖孔桩混凝土护壁					
				桩径1800mm以内					
				桩深(m)					
				10以内	15以内	20以内	25以内	30以内	30以外
基 价 (元)				**3951.85**	**4287.59**	**4706.62**	**5275.37**	**5803.63**	**6258.58**
其中	人 工 费 (元)			1335.00	1668.75	2086.50	2649.75	3172.50	3618.00
	材 料 费 (元)			2175.69	2175.69	2175.69	2175.69	2175.69	2175.69
	机 械 费 (元)			441.16	443.15	444.43	449.93	455.44	464.89
名 称		单位	单价(元)	数			量		
人工	综合工日	工日	75.00	17.800	22.250	27.820	35.330	42.300	48.240
材料	挖孔桩钢模	kg	5.10	26.920	26.920	26.920	26.920	26.920	26.920
	现浇混凝土 C25-40(砾石)	m³	196.19	10.300	10.300	10.300	10.300	10.300	10.300
	钢模维修费	元	—	17.640	17.640	17.640	17.640	17.640	17.640
机械	滚筒式混凝土搅拌机(电动) 500L	台班	200.88	2.140	2.140	2.140	2.140	2.140	2.140
	其他机械费	元	—	11.280	13.270	14.550	20.050	25.560	35.010

·102·

工作内容:同前

定 额 编 号			2-3-31	2-3-32	2-3-33	2-3-34	2-3-35	2-3-36
项 目			挖孔桩混凝土护壁					
			桩径1800mm以外					
			桩深(m)					
			10以内	15以内	20以内	25以内	30以内	30以外
基 价 (元)			**3864.36**	**4177.60**	**4757.88**	**5343.13**	**5928.39**	**6517.59**
其中	人 工 费 (元)		1246.50	1557.75	2136.75	2716.50	3296.25	3876.00
	材 料 费 (元)		2176.70	2176.70	2176.70	2176.70	2176.70	2176.70
	机 械 费 (元)		441.16	443.15	444.43	449.93	455.44	464.89
名 称	单位	单价(元)	数			量		
人工 综合工日	工日	75.00	16.620	20.770	28.490	36.220	43.950	51.680
材料 挖孔桩钢模	kg	5.10	27.270	27.270	27.270	27.270	27.270	27.270
现浇混凝土 C25-40(砾石)	m³	196.19	10.300	10.300	10.300	10.300	10.300	10.300
钢模维修费	元	-		16.870	16.870	16.870	16.870	16.870
机械 滚筒式混凝土搅拌机(电动)500L	台班	200.88	2.140	2.140	2.140	2.140	2.140	2.140
其他机械费	元	-	11.280	13.270	14.550	20.050	25.560	35.010

3.挖孔桩砖护壁

工作内容:调、运砂浆,运砖,砌砖。

单位:10m³

定 额 编 号				2-3-37	2-3-38	2-3-39	2-3-40	2-3-41	2-3-42
项 目				挖孔桩砖护壁					
				桩径1400mm 以内			桩径1800mm 以内		
				桩深(m)					
				10 以内	15 以内	15 以外	10 以内	15 以内	15 以外
基 价 (元)				**3766.46**	**4095.45**	**4505.48**	**3722.21**	**3946.95**	**4211.48**
其中	人 工 费 (元)			1307.25	1634.25	2043.00	1263.00	1485.75	1749.00
	材 料 费 (元)			2177.90	2177.90	2177.90	2177.90	2177.90	2177.90
	机 械 费 (元)			281.31	283.30	284.58	281.31	283.30	284.58
名 称		单位	单价(元)	数			量		
人工	综合工日	工日	75.00	17.430	21.790	27.240	16.840	19.810	23.320
材料	普通黏土砖(红砖)240mm×115mm×53mm	千块	300.00	6.250	6.250	6.250	6.250	6.250	6.250
	水泥砂浆 M5	m³	137.68	2.200	2.200	2.200	2.200	2.200	2.200
机械	灰浆搅拌机 200L	台班	126.18	2.140	2.140	2.140	2.140	2.140	2.140
	其他机械费	元	—	11.280	13.270	14.550	11.280	13.270	14.550

工作内容:同前

定 额 编 号				2-3-43	2-3-44	2-3-45
项　　　　目				挖孔桩砖护壁		
				桩径 1800mm 以外		
				桩深（m）		
				10 以内	15 以内	15 以外
基　　　价　（元）				**3662.96**	**3798.45**	**3948.23**
其中	人　工　费　（元）			1203.75	1337.25	1485.75
	材　料　费　（元）			2177.90	2177.90	2177.90
	机　械　费　（元）			281.31	283.30	284.58
名　　　　　　称		单位	单价(元)	数		量
人工	综合工日	工日	75.00	16.050	17.830	19.810
材料	普通黏土砖（红砖）240mm×115mm×53mm	千块	300.00	6.250	6.250	6.250
	水泥砂浆 M5	m³	137.68	2.200	2.200	2.200
机械	灰浆搅拌机 200L	台班	126.18	2.140	2.140	2.140
	其他机械费	元	－	11.280	13.270	14.550

4.挖孔桩桩芯混凝土灌注

工作内容:混凝土搅拌、运输、串筒下料、浇捣、振实。

单位:10m³

定 额 编 号					2-3-46
项 目					挖孔桩桩芯
					混凝土灌注
基 价 （元）					2736.26
其中	人 工 费 （元）				520.50
	材 料 费 （元）				2042.06
	机 械 费 （元）				173.70
	名 称	单位	单价(元)	数 量	
人工	综合工日	工日	75.00	6.940	
材料	金属周转材料摊销	kg	6.60	6.200	
	现浇混凝土 C25－40(砾石)	m³	196.19	10.200	
机械	机动翻斗车 1t	台班	193.00	0.442	
	滚筒式混凝土搅拌机(电动) 400L	台班	187.85	0.442	
	混凝土振捣器 插入式	台班	12.14	0.442	

5. 挖孔桩入岩增加费

工作内容:机械凿岩、检查孔径、吹风、坑内照明。

单位:10m³

定 额 编 号				2-3-47	2-3-48
项 目				挖孔桩增加费	
				入岩	
				混凝土护壁	红砖护壁
基 价 (元)				**3255.11**	**4131.86**
其中	人 工 费 (元)			1392.75	2269.50
	材 料 费 (元)			-	-
	机 械 费 (元)			1862.36	1862.36
名 称		单位	单价(元)	数 量	
人工	综合工日	工日	75.00	18.570	30.260
机械	电动空气压缩机 6m³/min	台班	338.45	3.750	3.750
	风动凿岩机 手持式	台班	158.18	3.750	3.750

注:需采用爆破时,费用另计。

6.钢筋、钢筋笼、凿截桩头

工作内容:钢筋、钢筋笼制作、场内运输、吊装、安装;凿除混凝土露出钢筋(不包括弯曲钢筋)、清除石渣、运出坑1.5m以外。　　单位:见表

定 额 编 号			2-3-49	2-3-50	2-3-51
项 目			护壁钢筋制作安装	钢筋笼制作安装	截断、修凿混凝土头
单 位			t		10m³
基 价 （元）			**4696.55**	**5174.35**	**2767.75**
其中	人 工 费（元）		635.25	743.25	1183.50
	材 料 费（元）		4002.84	4168.10	–
	机 械 费（元）		58.46	263.00	1584.25
名 称	单位	单价(元)	数		量
人工 综合工日	工日	75.00	8.470	9.910	15.780
材料 垫木	m³	837.00	–	0.020	–
光圆钢筋（综合）	kg	3.90	370.000	111.000	–
螺纹钢筋（综合）	kg	4.00	630.000	919.000	–
镀锌铁丝18～22号	kg	5.90	5.420	–	–
镀锌铁丝20～22号	kg	5.90	–	1.630	–
电焊条 结422 φ2.5	kg	5.04	1.410	5.960	–
水	t	4.00	0.190	0.700	–
机械 汽车式起重机12t	台班	888.68	–	0.200	–
钢筋调直机 φ40mm	台班	48.59	0.280	0.330	–
钢筋切断机 φ40mm	台班	52.99	0.280	0.330	–
钢筋弯曲机 φ40mm	台班	31.57	0.280	0.330	–
直流弧焊机30kW	台班	103.34	0.040	0.070	–
对焊机75kV·A	台班	131.13	0.130	0.260	–
电动空气压缩机6m³/min	台班	338.45	–	–	3.190
风动凿岩机 手持式	台班	158.18	–	–	3.190

二、人工挖孔灌注砂桩

工作内容:1.挖土、提土、运土于50m内,排水沟修建、修整桩底。2.抽水、吹风、坑内照明,安全措施搭拆、桩体灌注夯实。 单位:10m³

定 额 编 号			2-3-52	2-3-53	2-3-54	2-3-55
项 目			桩径1400mm以内			
			孔深(m)			
			15以内	20以内	25以内	25以外
基 价 (元)			**4236.88**	**4922.75**	**5772.11**	**6805.35**
其中	人 工 费 (元)		2464.50	3099.75	3898.50	4889.25
	材 料 费 (元)		814.91	823.05	831.17	831.17
	机 械 费 (元)		957.47	999.95	1042.44	1084.93
名 称	单位	单价(元)	数		量	
人工 综合工日	工日	75.00	32.860	41.330	51.980	65.190
材料 中砂	m³	60.00	12.710	12.710	12.710	12.710
安全设施及照明	元	—	40.680	48.820	56.940	56.940
其他材料费	元	—	11.630	11.630	11.630	11.630
机械 潜水泵 φ50mm以内	台班	139.23	1.500	1.500	1.500	1.500
电动空气压缩机 3m³/min	台班	231.38	3.000	3.150	3.300	3.450
运输费	元	—	54.480	62.260	70.040	77.820

工作内容：同前

单位：10m³

定 额 编 号				2-3-56	2-3-57	2-3-58	2-3-59
项 目				桩径1800mm以内			
				孔深（m）			
				15以内	20以内	25以内	25以外
基 价（元）				**4104.13**	**4755.50**	**5568.86**	**6551.10**
其中	人 工 费（元）			2331.75	2932.50	3695.25	4635.00
	材 料 费（元）			814.91	823.05	831.17	831.17
	机 械 费（元）			957.47	999.95	1042.44	1084.93
名 称		单位	单价（元）	数		量	
人工	综合工日	工日	75.00	31.090	39.100	49.270	61.800
材料	中砂	m³	60.00	12.710	12.710	12.710	12.710
	安全设施及照明	元	－	40.680	48.820	56.940	56.940
	其他材料费	元	－	11.630	11.630	11.630	11.630
机械	潜水泵 φ50mm以内	台班	139.23	1.500	1.500	1.500	1.500
	电动空气压缩机 3m³/min	台班	231.38	3.000	3.150	3.300	3.450
	运输费	元	－	54.480	62.260	70.040	77.820

工作内容:同前

定 额 编 号			2-3-60	2-3-61	2-3-62	2-3-63
项 目			桩径1800mm以外			
			孔深(m)			
			15以内	20以内	25以内	25以外
基 价 (元)			**3984.13**	**4607.00**	**5382.11**	**6320.10**
其中	人 工 费 (元)		2211.75	2784.00	3508.50	4404.00
	材 料 费 (元)		814.91	823.05	831.17	831.17
	机 械 费 (元)		957.47	999.95	1042.44	1084.93
名 称	单位	单价(元)	数		量	
人工 综合工日	工日	75.00	29.490	37.120	46.780	58.720
材料 中砂	m³	60.00	12.710	12.710	12.710	12.710
安全设施及照明	元	–	40.680	48.820	56.940	56.940
其他材料费	元	–	11.630	11.630	11.630	11.630
机械 潜水泵 φ50mm以内	台班	139.23	1.500	1.500	1.500	1.500
电动空气压缩机 3m³/min	台班	231.38	3.000	3.150	3.300	3.450
运输费	元	–	54.480	62.260	70.040	77.820

三、人工挖孔灌注灰土桩

工作内容:1.挖土、提土、运土于50m内,排水沟修造,修整桩底。2.抽水、吹风、坑内照明,安全设施搭拆,桩体灌注夯实。　　　　单位:10m³

定　额　编　号				2-3-64	2-3-65	2-3-66	2-3-67
项　　　　目				桩径1400mm 以内			
				孔深(m)			
				15 以内	20 以内	25 以内	25 以外
基　　　价　(元)				**4454.58**	**5138.20**	**5994.61**	**7023.80**
其中	人　工　费　(元)			3156.00	3789.00	4595.25	5581.50
	材　料　费　(元)			341.11	349.25	356.92	357.37
	机　械　费　(元)			957.47	999.95	1042.44	1084.93
名　　　称		单位	单价(元)	数　　　　　　量			
人工	综合工日	工日	75.00	42.080	50.520	61.270	74.420
材料	灰土3:7	m³	28.00	10.250	10.250	10.250	10.250
	安全设施及照明	元	–	40.680	48.820	56.490	56.940
	其他材料费	元	–	13.430	13.430	13.430	13.430
机械	潜水泵 φ50mm 以内	台班	139.23	1.500	1.500	1.500	1.500
	电动空气压缩机 3m³/min	台班	231.38	3.000	3.150	3.300	3.450
	运输费	元	–	54.480	62.260	70.040	77.820

工作内容:同前

单位:10m³

定　额　编　号				2-3-68	2-3-69	2-3-70	2-3-71
项　　　　目				桩径1800mm以内			
				孔深(m)			
				15 以内	20 以内	25 以内	25 以外
基　　价　（元）				**4281.33**	**4923.70**	**5737.06**	**6719.30**
其中	人　工　费（元）			2982.75	3574.50	4337.25	5277.00
	材　料　费（元）			341.11	349.25	357.37	357.37
	机　械　费（元）			957.47	999.95	1042.44	1084.93
名　　　称		单位	单价(元)	数　　　　　量			
人工	综合工日	工日	75.00	39.770	47.660	57.830	70.360
材料	灰土3:7	m³	28.00	10.250	10.250	10.250	10.250
	安全设施及照明	元	–	40.680	48.820	56.940	56.940
	其他材料费	元	–	13.430	13.430	13.430	13.430
机械	潜水泵 φ50mm以内	台班	139.23	1.500	1.500	1.500	1.500
	电动空气压缩机 3m³/min	台班	231.38	3.000	3.150	3.300	3.450
	运输费	元	–	54.480	62.260	70.040	77.820

工作内容:同前

单位:10m³

定　额　编　号				2-3-72	2-3-73	2-3-74	2-3-75
项　　　目				桩径1800mm以外			
				孔深(m)			
				15以内	20以内	25以内	25以外
基　　价　(元)				**4105.83**	**4727.95**	**5503.81**	**6441.05**
其中	人　工　费　(元)			2807.25	3378.75	4104.00	4998.75
	材　料　费　(元)			341.11	349.25	357.37	357.37
	机　械　费　(元)			957.47	999.95	1042.44	1084.93
名　　称		单位	单价(元)	数			量
人工	综合工日	工日	75.00	37.430	45.050	54.720	66.650
材料	灰土3:7	m³	28.00	10.250	10.250	10.250	10.250
	安全设施及照明	元	–	40.680	48.820	56.940	56.940
	其他材料费	元	–	13.430	13.430	13.430	13.430
机械	潜水泵 φ50mm以内	台班	139.23	1.500	1.500	1.500	1.500
	电动空气压缩机 3m³/min	台班	231.38	3.000	3.150	3.300	3.450
	运输费	元	–	54.480	62.260	70.040	77.820

第四章　沉管灌注桩工程

说　　明

一、采用预制桩尖者,桩尖材料费另计。

二、沉管灌注混凝土桩复打套单价时,桩身材料量按下列公式调整:复打桩桩身材料量 = 桩身材料定额量/1.17。

三、钢筋笼制作、安装按第三章钢筋笼制作、安装定额执行。

工程量计算规则

一、沉管灌注桩的单桩体积,按设计规定的桩长,包括桩尖(不扣减虚体积),增加250mm乘以钢管外径最大截面面积计算。

二、复打桩的体积按单桩体积乘以复打次数。

一、沉管灌注混凝土桩

工作内容:准备打桩工具、移动打桩机及打桩机轨道;安放桩尖,用钢管打桩孔;灌注混凝土、拔钢管、夯实混凝土、养护。　　　　单位:10m³

定　额　编　号				2-4-1	2-4-2
项　　　　目				振动打桩机打孔桩长(m)	
				15 以内	15 以外
基　　　价　　(元)				**7139.11**	**5670.66**
其中	人　工　费　(元)			2455.50	1729.50
	材　料　费　(元)			2327.14	2327.14
	机　械　费　(元)			2356.47	1614.02
	名　　　　　　称	单位	单价(元)	数　　量	
人工	综合工日	工日	75.00	32.740	23.060
材料	现浇混凝土 C20 - 20(砾石)	m³	188.03	11.830	11.830
	水	t	4.00	8.500	8.500
	草袋	m²	5.00	3.100	3.100
	其他材料费	元	-	53.250	53.250
机械	振动沉拔桩机 400kN	台班	1233.17	1.460	1.000
	机动翻斗车 1t	台班	193.00	1.460	1.000
	滚筒式混凝土搅拌机(电动) 400L	台班	187.85	1.460	1.000

二、沉管灌注砂桩

工作内容:准备打桩工具、移动打桩机及打桩机轨道;用钢管打桩孔;灌砂加水、拔钢管、夯实砂。

单位:10m³

定 额 编 号					2-4-3	2-4-4
项　　　　　目					振动打桩机打孔桩长(m)	
					15 以内	15 以外
基　　　价　　　(元)					**4191.91**	**3148.20**
其中	人　工　费　(元)				1680.00	1192.50
	材　料　费　(元)				857.55	857.55
	机　械　费　(元)				1654.36	1098.15
	名　　　　称	单位	单价(元)		数　　量	
人工	综合工日	工日	75.00		22.400	15.900
材料	中砂	m³	60.00		13.280	13.280
	水	t	4.00		1.300	1.300
	其他材料费	元	–		55.550	55.550
机械	振动沉拔桩机 400kN	台班	1233.17		1.160	0.770
	机动翻斗车 1t	台班	193.00		1.160	0.770

三、沉管灌注碎石桩

工作内容:准备打桩工具、移动打桩机及打桩机轨道;用钢管打桩孔,灌碎石加水,拔钢管,夯实碎石。 单位:10m³

定 额 编 号				2-4-5	2-4-6
项 目				振动打桩机打孔桩长(m)	
				15 以内	15 以外
基 价 (元)				**3842.01**	**2881.55**
其中	人 工 费 (元)			1396.50	992.25
	材 料 费 (元)			791.15	791.15
	机 械 费 (元)			1654.36	1098.15
名 称		单位	单价(元)	数 量	
人工	综合工日	工日	75.00	18.620	13.230
材料	水	t	4.00	1.300	1.300
	碎石 40mm	m³	55.00	13.280	13.280
	其他材料费	元	–	55.550	55.550
机械	机动翻斗车 1t	台班	193.00	1.160	0.770
	振动沉拔桩机 400kN	台班	1233.17	1.160	0.770

四、沉管灌注砂、石桩

工作内容:准备打桩工具、移动打桩机及打桩机轨道;用钢管打桩孔;灌砂石加水、拔钢管、夯实砂石。

单位:10m³

定 额 编 号				2-4-7	2-4-8
项 目				振动打桩机打孔桩长(m)	
				15 以内	15 以外
基 价 (元)				**4292.61**	**3267.65**
其中	人 工 费 (元)			1616.25	1147.50
	材 料 费 (元)			1022.00	1022.00
	机 械 费 (元)			1654.36	1098.15
名 称		单位	单价(元)	数	量
人工	综合工日	工日	75.00	21.550	15.300
材料	中砂	m³	60.00	4.414	4.414
	水	t	4.00	1.300	1.300
	碎石 40mm	m³	55.00	12.662	12.662
	其他材料费	元	—	55.550	55.550
机械	振动沉拔桩机 400kN	台班	1233.17	1.160	0.770
	机动翻斗车 1t	台班	193.00	1.160	0.770

五、沉管灌注 CFG 桩

工作内容:准备打桩工具、移动打桩机及打桩机轨道;安放桩尖,用钢管打桩孔;灌注 CFG 混合料、拔钢管、夯实、养护。　　单位:10m³

定　额　编　号				2-4-9	2-4-10
项　　　　目				振动打桩机打孔桩长(m)	
				15 以内	15 以外
基　　　价　(元)				**7200.05**	**5731.60**
其中	人　工　费　(元)			2455.50	1729.50
	材　料　费　(元)			2388.08	2388.08
	机　械　费　(元)			2356.47	1614.02
	名　　　　称	单位	单价(元)	数　　量	
人工	综合工日	工日	75.00	32.740	23.060
材料	CFG 混合料 C20	m³	193.18	11.830	11.830
	水	t	4.00	8.500	8.500
	草袋	m²	5.00	3.100	3.100
	其他材料费	元	–	53.260	53.260
机械	振动沉拔桩机 400kN	台班	1233.17	1.460	1.000
	机动翻斗车 1t	台班	193.00	1.460	1.000
	滚筒式混凝土搅拌机(电动) 400L	台班	187.85	1.460	1.000

注:CFG 混合料为水泥、粉煤灰、碎石的混合料,配合比不同时价格可以调整,但定额含量不变。

六、沉管灌注双灰桩、石灰桩

工作内容:准备打桩工具、移动打桩机、定位、校正桩管、成孔、灌料、夯实、黏土封顶。

单位:10m³

定 额 编 号				2-4-11	2-4-12
项 目				双灰桩	石灰桩
				桩长 15m 以内	
基 价 (元)				**4866.70**	**6454.57**
其中	人 工 费 (元)			1485.00	2141.25
	材 料 费 (元)			2025.21	2611.55
	机 械 费 (元)			1356.49	1701.77
名 称		单位	单价(元)	数 量	
人工	综合工日	工日	75.00	19.800	28.550
材料	垫木	m³	837.00	0.070	-
	生石灰	t	150.00	12.300	14.000
	粉煤灰	t	14.00	2.600	-
	黏土	m³	25.00	2.100	-
	火山灰	t	51.70	-	9.300
	其他材料费	元	-	32.720	30.740
机械	振动沉拔桩机 400kN	台班	1233.17	1.100	1.380

七、沉管灌注灰土桩

工作内容:准备打桩工具、移动打桩机;打拔钢管成孔,灰土过筛拌和;30m内运土、填充、夯实。   单位:10m³

定　额　编　号			2-4-13
项　　　　　　目			桩长(m)
			15 以内
基　　　价　（元）			**2099.14**
其 中	人　工　费　（元）		493.50
	材　料　费　（元）		453.29
	机　械　费　（元）		1152.35
名　　　　　　称	单位	单价(元)	数　　　　　量
人工　综合工日	工日	75.00	6.580
材 料　灰土3:7	m³	28.00	11.000
水	t	4.00	2.200
垫木	m³	837.00	0.070
设备摊销费	元	－	77.900
机 械　振动沉拔桩机 400kN	台班	1233.17	0.500
汽车式起重机 16t	台班	1071.52	0.500

第五章 爆扩桩工程

说　明

钢筋笼制作、安装按第三章钢筋笼制作安装定额执行。

工程量计算规则

爆扩桩灌注混凝土的体积按设计图以立方米（m³）计算，扩大头按球形体积 $\pi d^3/6$ 计算。爆扩后不论大小，均不得换算。d 为扩大头直径。

爆扩桩

工作内容:机械或人工钻孔、爆扩、混凝土浇灌、振捣、养护及处理隆起土。

单位:10m³

定 额 编 号			2-5-1	2-5-2	2-5-3	2-5-4
项 目			机械成孔		人工成孔	
			4m 以内	4m 以外	4m 以内	4m 以外
基 价 (元)			**8201.20**	**9131.98**	**8852.59**	**9489.24**
其中	人 工 费 (元)		2077.50	2673.00	3822.00	4381.50
	材 料 费 (元)		4670.91	4665.10	4670.91	4665.10
	机 械 费 (元)		1452.79	1793.88	359.68	442.64
名 称	单位	单价(元)	数		量	
人工 综合工日	工日	75.00	27.700	35.640	50.960	58.420
材料 爆扩混凝土 C20-20	m³	420.00	10.400	10.400	10.400	10.400
炸药 硝铵 1 号	kg	3.21	22.000	18.000	22.000	18.000
电雷管	个	1.60	38.000	30.000	38.000	30.000
导火线	m	1.80	57.000	75.000	57.000	75.000
其他材料费	元	—	68.890	56.320	68.890	56.320
机械 短螺旋钻孔机 1200mm	台班	1514.10	0.760	0.940	—	—
滚筒式混凝土搅拌机(电动) 400L	台班	187.85	0.760	0.940	0.760	0.940
机动翻斗车 1t	台班	193.00	0.760	0.940	0.760	0.940
混凝土振捣器 插入式	台班	12.14	1.040	1.040	1.040	1.040
其他机械费	元	—	—	—	57.610	72.020

第六章　软土地基处理工程

说　　明

一、袋装砂井及塑料排水板处理地基,定额材料消耗中包括了砂袋或塑料排水板的预留长度。

二、袋装砂井定额是按砂井孔径7cm编制的,如直径不同时,定额内中(粗)砂的消耗用量可按孔径截面面积的比例关系进行调整,其他消耗不变。

三、土工布定额中不包括排水内容,需要时另行计算。

四、定额中不包括污泥排放处理费用,发生时另行计算。

五、振动挤密桩定额材料消耗中已包括砂(或钢渣)等桩达到设计要求密实度所增加的用量。

工程量计算规则

一、袋装砂井、塑料排水板、旋喷桩工程量按设计深(长)度计算。

二、土工布的铺设面积为锚固沟外边缘所包围的面积,包括锚固沟的底面积和侧面积。

三、振冲碎石桩按设计长度增加250mm乘以设计截面面积以立方米(m^3)计算。

四、深层搅拌桩、振动挤密桩(钢渣、砂)、树根桩工程量,按设计长度乘以设计截面面积以立方米(m^3)计算。

五、压密注浆钻孔按实际钻孔深度以米(m)计,压密注浆按下列规定以立方米(m^3)计算。

1. 设计图示明确加固土体体积的,按图示体积计算。

2. 设计图示以布点形式图示加固范围的,则以两孔间距作为扩散直径(宽度),乘以布点连线长度另加一个扩散直径（作为长度）以立方米（m³）计算（如设计为闭合布点，则长度不加扩散直径）。

3．设计图示注浆点在钻孔桩（或挖孔桩）之间，则按两桩之间的净距作为扩散直径，以圆柱体体积计算。

六、长螺旋CFG桩，按设计桩长乘以螺旋外径或设计截面面积以立方米（m³）计算。

一、袋装砂井处理软土地基

工作内容:1.带门架:轨道铺拆、装砂袋,定位,打钢管,下砂袋,拔钢管,门架、桩机移位。2.不带门架:装砂袋,定位,打钢管,下砂袋,拔钢管,起重机、桩机移位。

单位:10m³

定 额 编 号			2-6-1	2-6-2
项 目			袋装砂井机	
基 价 （元）			**3197.24**	**5965.72**
其中	人 工 费 （元）		1556.25	1311.00
	材 料 费 （元）		1072.14	894.00
	机 械 费 （元）		568.85	3760.72
名 称		单位	单价(元)	数 量	
人工	综合工日	工日	75.00	20.750	17.480
材料	枕木	m³	1650.00	0.081	–
	钢轨 24kg/m	kg	5.10	0.099	–
	铁件	kg	5.30	8.300	–
	塑料编织袋	只	0.50	1155.000	1155.000
	中砂	m³	60.00	5.110	5.110
	其他材料费	元	–	9.900	9.900
机械	履带式起重机 15t	台班	966.34	–	3.380
	袋装砂井机 不带门架	台班	146.30	–	3.380
	袋装砂井机 带门架	台班	168.30	3.380	–

二、塑料排水板

工作内容：准备打桩机具、移动打桩机、安桩尖、排水板绑扎于桩尖上、打拔导管、切割排水板。 单位：100m

定 额 编 号			2-6-3	2-6-4
项 目			打塑料排水板	
			15m 以内	15m 以外
基 价 （元）			**556.80**	**581.20**
其中	人 工 费 （元）		142.50	142.50
	材 料 费 （元）		270.96	286.92
	机 械 费 （元）		143.34	151.78
	名 称	单位	单价(元)	数	量
人工	综合工日	工日	75.00	1.900	1.900
材料	塑料排水板	m	1.80	118.100	112.800
	其他材料费	元	—	58.380	83.880
机械	振动打桩锤 VMZ 2500F	台班	421.60	0.340	0.360

三、石灰砂桩处理软土地基

工作内容: 整平路基、放样、人工挖孔、配样料、填料捣实、耙土封顶整平、压路机碾压。

单位:10m³

定　额　编　号				2-6-5	2-6-6
项　　目				石灰砂桩直径(mm)	
				≤100	>100
基　　价　　(元)				4324.54	3958.23
其中	人　工　费　(元)			2722.50	2371.50
	材　料　费　(元)			1540.80	1540.80
	机　械　费　(元)			61.24	45.93
名　　称		单位	单价(元)	数	量
人工	综合工日	工日	75.00	36.300	31.620
材料	生石灰	t	150.00	7.730	7.730
	中砂	m³	60.00	5.040	5.040
	黏土	m³	25.00	2.630	2.630
	其他材料费	元	–	13.150	13.150
机械	光轮压路机(内燃)15t	台班	765.45	0.080	0.060

四、土工布处理泥沼及软土地基

工作内容:清理整平路基、挖填锚固沟、敷设土工布、缝合及锚固土工布。

单位:1000m²

定 额 编 号			2-6-7	2-6-8
项　　　　　　目			地基土	
			一般软土	淤泥
基　　价　（元）			**8833.22**	**16146.60**
其 中	人　工　费　（元）		2071.50	8463.00
	材　料　费　（元）		6761.72	7683.60
	机　械　费　（元）		—	—
名　　　　称	单位	单价(元)	数	量
人工 综合工日	工日	75.00	27.620	112.840
材 料 圆钉2.5×50	kg	4.32	10.900	—
土工布	m²	5.95	1115.200	1115.200
片石	m³	57.00	—	17.000
其他材料费	元	—	79.190	79.160

五、振冲碎石桩

工作内容:准备打桩机具及就位、成孔、运料、填料振实、抽水、排水、疏导泥浆。

单位:10m³

定 额 编 号				2-6-9	
项 目				桩长(m)	
				12 以内	
基 价 (元)				**1780.78**	
其中	人 工 费 (元)			531.75	
	材 料 费 (元)			841.60	
	机 械 费 (元)			407.43	
名 称		单位	单价(元)	数 量	
人工	综合工日	工日	75.00	7.090	
材料	碎石 20mm	m³	55.00	13.400	
	水	t	4.00	20.000	
	其他材料费	元	—	24.600	
机械	振冲器 30kV·A	台班	429.84	0.340	
	轮胎式起重机 16t	台班	979.28	0.260	
	其他机械费	元	—	6.670	

六、深层搅拌桩

工作内容:钻机就位、钻桩孔、灌桩成桩。

单位:10m³

	定 额 编 号			2-6-10	2-6-11
	项 目			水泥掺量12%	水泥掺量每增减1%
	基 价 (元)			**2441.72**	**70.00**
其中	人 工 费 (元)			384.00	–
	材 料 费 (元)			858.30	70.00
	机 械 费 (元)			1199.42	–
	名 称	单位	单价(元)	数	量
人工	综合工日	工日	75.00	5.120	–
材料	普通硅酸盐水泥 32.5	t	330.00	2.300	0.192
	水	t	4.00	10.000	0.830
	光圆钢筋(综合)	kg	3.90	4.000	
	外加剂及其他材料费	元	–	43.700	3.320
机械	深层搅拌钻机 CZB－600	台班	1267.48	0.430	
	电动多级离心清水泵 φ150mm 180m 以下	台班	755.43	0.430	–
	泥浆泵 φ100mm	台班	395.11	0.430	
	滚筒式混凝土搅拌机(电动)400L	台班	187.85	0.850	

注:搅拌桩空搅部分工程量按实际空搅体积计算,单价按(人工＋机械)×0.85 计算。

七、旋喷桩

工作内容:机械就位、振动(水冲)成孔、制浆、旋喷提升、设备清洗、移位。

单位:10m

定　额　编　号				2-6-12	2-6-13	2-6-14
项　　　目				单管	双重管	三重管
				孔径(mm)		
				800 以内	1000 以内	2000 以内
基　　　价　(元)				**1783.63**	**2818.30**	**3647.67**
其中	人　工　费　(元)			498.75	624.00	810.00
	材　料　费　(元)			834.36	1441.54	1874.00
	机　械　费　(元)			450.52	752.76	963.67
名　　　　　　　称		单位	单价(元)	数		量
人工	综合工日	工日	75.00	6.650	8.320	10.800
材料	普通硅酸盐水泥 42.5	t	360.00	0.630	1.600	2.080
	磨细粉煤灰	kg	0.14	550.000	1400.000	1820.000
	膨润土	t	345.00	0.040	0.100	0.130
	促进剂	kg	13.23	39.060	48.000	62.400
机械	电动多级离心清水泵 φ150mm 180m 以下	台班	755.43	0.300	0.430	0.550
	液压注浆泵 HYB50/50-1 型	台班	254.95	0.300	0.430	0.550
	液压钻机 G-2A	台班	534.22	0.240	0.340	0.440
	电动空气压缩机 6m³/min	台班	338.45	-	0.340	0.440
	其他机械费	元	-	19.190	21.590	23.990

注:设计要求水泥用量与定额含量不同时,水泥用量可以调整,其他不变。

八、振动挤密桩

工作内容:准备打桩机具,移动桩机及轨道、安装就位、打桩、测位、填料、振实等施工。

单位:10m³

定 额 编 号					2-6-15	2-6-16
项 目					振动挤密钢渣桩	振动挤密砂桩
基 价 (元)					**2373.23**	**2699.16**
其中	人 工 费 (元)				207.00	207.00
	材 料 费 (元)				361.29	1032.42
	机 械 费 (元)				1804.94	1459.74
	名 称	单位	单价(元)		数	量
人工	综合工日	工日	75.00		2.760	2.760
材料	钢渣	m³	22.87		12.310	—
	中砂	m³	60.00		—	14.450
	其他材料费	元	—		79.760	165.420
机械	板桩机 IPD	台班	1781.36		0.320	0.260
	振动沉拔桩机 500kN	台班	1499.49		0.320	0.260
	履带式单斗挖掘机(液压) 1m³	台班	1307.60		0.320	0.260
	履带式推土机 55kW	台班	582.92		0.110	0.085
	履带式起重机 15t	台班	966.34		0.110	0.085
	电动空气压缩机 10m³/min	台班	519.44		0.320	0.260

九、树根桩

工作内容:桩机就位、钻孔、安放石子及注浆、拔管。

单位:10m³

定 额 编 号				2-6-17	2-6-18
项 目				树根桩	
				维护桩	承重桩
基 价 (元)				**17422.40**	**24610.34**
其中	人 工 费 (元)			4425.00	3381.75
	材 料 费 (元)			5621.48	5864.83
	机 械 费 (元)			7375.92	15363.76
名 称		单位	单价(元)	数	量
人工	综合工日	工日	75.00	59.000	45.090
材料	碎石 30mm	m³	55.00	10.330	11.030
	普通硅酸盐水泥 32.5	t	330.00	8.000	9.600
	外加剂	元	-	460.800	529.920
	中砂	m³	60.00	-	1.240
	塑料注浆管	m	38.00	38.700	25.800
	打桩用护壁泥浆	m³	110.00	3.360	4.040
	其他材料费	元	-	112.330	61.060
机械	灰浆搅拌机 200L	台班	126.18	4.420	3.380
	工程钻机 SPJ－300	台班	476.84	4.420	3.380
	双液压注浆泵 PH2×5	台班	378.98	4.420	3.380
	履带式柴油打桩机 5t	台班	2876.73	-	3.380
	电动多级离心清水泵 ϕ100mm 120m 以下	台班	343.38	8.840	6.760

十、压密注浆加固地基

工作内容：移动钻机、钻孔、安放注浆管、配置及压注浆液。

单位：见表

定　额　编　号			2-6-19	2-6-20
项　　　　目			压密注浆钻孔	压密注浆
单　　　　位			10m	10m^3
基　　价　（元）			**770.12**	**729.29**
其中	人　工　费　（元）		195.00	216.75
	材　料　费　（元）		533.10	359.20
	机　械　费　（元）		42.02	153.34
	名　　　　　称	单位	单价（元）	数　　量	
人工	综合工日	工日	75.00	2.600	2.890
材料	普通硅酸盐水泥 32.5	t	330.00	–	0.800
	磨细粉煤灰	kg	0.14	–	680.000
	塑料注浆管	m	38.00	13.000	–
	其他材料费	元	–	39.100	–
机械	混凝土振捣器 平板式 BL11	台班	13.76	0.510	0.130
	灰浆搅拌机 200L	台班	126.18	–	0.300
	双液压注浆泵 PH2×5	台班	378.98	–	0.300
	轻便钻机 XJ－100	台班	233.36	0.150	–

十一、长螺旋钻孔灌注 CFG 桩

工作内容:1.准备机具,钻孔,安放钢筋笼,灌注 CFG。2.清理钻孔余土运至现场 150m 指定地点,挖泥浆地沟。 单位:10m³

定 额 编 号			2-6-21	2-6-22
项 目			长螺旋钻孔灌注桩	
			桩长(m)	
			15 以内	15 以外
基 价 (元)			**4719.15**	**4440.62**
其中	人 工 费 (元)		1189.50	1032.00
	材 料 费 (元)		2617.41	2617.41
	机 械 费 (元)		912.24	791.21
名 称	单位	单价(元)	数	量
人工 综合工日 ·	工日	75.00	15.860	13.760
材料 CFG 混合料 C20	m³	193.18	12.720	12.720
水	t	4.00	8.500	8.500
其他材料费	元	—	126.160	126.160
机械 长螺旋钻机 600mm	台班	607.27	0.912	0.791
滚筒式混凝土搅拌机(电动) 400L	台班	187.85	0.912	0.791
机动翻斗车 1t	台班	193.00	0.912	0.791
混凝土振捣器 插入式	台班	12.14	0.912	0.791

注:灌注的 CFG 混合料标号不同时可以调整,配合比可参照本册附表计算费用,灌注混凝土时,仅调整混凝土与 CFG 混合料的差价,其他不变。

第七章　锚杆和 SMW 工法搅拌桩支护工程

说　　明

一、锚杆钻孔机械为综合取定,实际施工采用不同机械不得调整。砾石层、中风化岩及微风化岩层按入岩计算。

二、SMW工法搅拌桩的插拔型钢是按4次摊销考虑的。

三、SMW工法搅拌桩的水泥掺量按20%取定,实际用量不同时可以调整水泥用量,其余不变。

工程量计算规则

一、机械钻锚孔、锚孔注浆工程量按设计锚孔长度计算。

二、锚杆制安工程量按设计锚杆重量(包括锚杆搭接,定位器钢筋用量)以吨(t)计算。

三、喷射混凝土按设计图示尺寸以平方米(m^2)计算。

四、喷射混凝土钢网按设计图示以吨(t)计算。

五、SMW工法搅拌桩按设计桩长乘以截面面积以立方米(m^3)计算,插拔型钢按图示尺寸以吨(t)计算。

一、土层锚杆、预应力锚杆、锚杆制安

工作内容:准备机具,移动就位、定位、钻孔、锚杆制作、安装,预应力张拉。

单位:100m

定 额 编 号				2-7-1	2-7-2	2-7-3	2-7-4	2-7-5	2-7-6
项 目				机械钻孔孔径(mm)					入岩增加费
				100	150	200	250	300	
基 价 (元)				**2101.69**	**2337.95**	**2641.55**	**2846.85**	**3402.46**	**11905.05**
其 中	人 工 费 (元)			775.50	862.50	982.50	1127.25	1355.25	1950.75
	材 料 费 (元)			14.88	16.32	18.72	17.28	20.64	112.32
	机 械 费 (元)			1311.31	1459.13	1640.33	1702.32	2026.57	9841.98
名 称		单位	单价(元)	数			量		
人工	综合工日	工日	75.00	10.340	11.500	13.100	15.030	18.070	26.010
材料	其他材料费	元	–	14.880	16.320	18.720	17.280	20.640	112.320
机械	工程钻机SPJ-300	台班	476.84	2.750	3.060	3.440	3.570	4.250	20.640

注:砾石层、中风化岩及微风化岩层按入岩计算。

定 额 编 号				2-7-7	2-7-8	2-7-9	2-7-10
项 目				锚孔注浆孔径(mm)			
				100	150	200	300
基 价 (元)				**4696.92**	**5280.91**	**5984.98**	**7899.20**
其中	人 工 费 (元)			196.50	281.25	365.25	506.25
	材 料 费 (元)			4332.72	4759.55	5311.01	6962.27
	机 械 费 (元)			167.70	240.11	308.72	430.68
名 称		单位	单价(元)	数			量
人工	综合工日	工日	75.00	2.620	3.750	4.870	6.750
材料	水泥砂浆 1:1	m³	306.36	1.100	2.470	4.240	9.540
	塑料注浆管	m	38.00	105.000	105.000	105.000	105.000
	木质素磺酸钙	kg	2.00	2.860	6.420	11.020	24.800
机械	灰浆搅拌机 200L	台班	126.18	0.440	0.630	0.810	1.130
	液压注浆泵 HYB50/50-1型	台班	254.95	0.440	0.630	0.810	1.130

注:锚孔注浆孔径与定额不符时,注浆材料(注浆管除外)、机械台班用量按锚孔截面面积比例调整。

工作内容:同前

定 额 编 号				2-7-11	2-7-12	2-7-13
项 目				钢筋锚杆制安	预应力钢筋锚杆制安	钢绞线锚杆制安
基 价 (元)				**6843.45**	**7700.92**	**13001.87**
其中	人 工 费 (元)			1749.00	2186.25	2790.75
	材 料 费 (元)			5017.46	5017.46	8276.11
	机 械 费 (元)			76.99	497.21	1935.01
名 称		单位	单价(元)	数		量
人工	综合工日	工日	75.00	23.320	29.150	37.210
材料	螺纹钢筋(综合)	kg	4.00	1060.000	1060.000	–
	镀锌钢绞线 1×7-5.4mm	kg	6.17	–	–	1060.000
	铁件	kg	5.30	29.290	29.290	155.810
	塑料软管 φ35	m	10.48	31.750	31.750	31.750
	螺栓	kg	8.90	24.610	24.610	–
	JM15-4 锚具	套	54.00	–	–	8.600
	其他材料费	元	–	70.450	70.450	112.980
机械	钢筋切断机 φ40mm	台班	52.99	0.370	0.370	0.580
	预应力钢筋拉伸机 900kN	台班	71.13		1.090	4.680
	高压油泵 80MPa	台班	332.70	–	1.030	4.680
	对焊机 75kV·A	台班	131.13	0.300	0.300	–
	其他机械费	元	–	18.040	18.050	14.350

二、喷射混凝土支护

工作内容:1. 喷混凝土:配料、投料、搅拌、混合料场内运输,喷射机操作,喷射、冲洗岩石、收回弹料、喷试块等。
2. 钢筋网制作、挂网、绑扎点焊。

单位:100m²

定 额 编 号				2-7-14	2-7-15	2-7-16	2-7-17
项 目				垂直面素喷射混凝土		斜面素喷射混凝土	
				初喷厚5cm	每增加1cm	初喷厚5cm	每增加1cm
基 价 (元)				**4023.97**	**625.39**	**3374.00**	**540.13**
其 中	人 工 费 (元)			1803.00	192.00	1261.50	134.25
	材 料 费 (元)			1426.54	286.24	1354.91	268.42
	机 械 费 (元)			794.43	147.15	757.59	137.46
名 称		单位	单价(元)	数		量	
人工	综合工日	工日	75.00	24.040	2.560	16.820	1.790
材 料	普通混凝土 C20	m³	240.00	5.750	1.150	5.500	1.100
	高压胶皮水管 3/4″×18×6	m	23.27	2.000	0.440	1.500	0.190
机 械	强制反转式混凝土搅拌机 250L 以内	台班	160.81	0.855	0.162	0.817	0.152
	混凝土喷射机 5m³/h	台班	289.00	0.855	0.162	0.817	0.152
	电动空气压缩机 10m³/min	台班	519.44	0.789	0.143	0.751	0.133

工作内容:同前

单位:100m²

定　额　编　号				2-7-18	2-7-19
项　　　　　　目				垂直面网喷射混凝土	
				初喷厚5cm	每增加1cm
基　　　价　（元）				**4711.12**	**722.10**
其 中	人　工　费　（元）			2245.50	235.50
	材　料　费　（元）			1502.10	293.90
	机　械　费　（元）			963.52	192.70
名　　　称		单位	单价（元）	数	量
人工	综合工日	工日	75.00	29.940	3.140
材 料	普通混凝土 C20	m³	240.00	5.900	1.180
	高压胶皮水管 3/4″×18×6	m	23.27	3.700	0.460
机 械	强制反转式混凝土搅拌机 250L 以内	台班	160.81	1.045	0.209
	混凝土喷射机 5m³/h	台班	289.00	1.045	0.209
	电动空气压缩机 10m³/min	台班	519.44	0.950	0.190

工作内容:同前

定　额　编　号			2-7-20
项　　　　　目			喷射混凝土钢网制安
基　　　价　（元）			**5132.97**
其中	人　工　费　（元）		783.75
	材　料　费　（元）		4283.64
	机　械　费　（元）		65.58
名　　　　称	单位	单价(元)	数　　　量
人工 综合工日	工日	75.00	10.450
材料 圆钢 $\phi 5.5-9$	kg	4.10	1030.000
其他材料费	元	–	60.640
机械 钢筋调直机 $\phi 40mm$	台班	48.59	0.171
钢筋切断机 $\phi 40mm$	台班	52.99	0.162
交流弧焊机 32kV · A	台班	96.61	0.504

三、SMW工法搅拌支护桩

工作内容: 1.测量放线、桩机移位,挖掘机挖沟槽,定位钻进、喷浆、搅拌、成孔、提升、调制水泥浆、输送、除浮浆。
2.型钢切割、焊接及加工,运输、定位、刷减摩剂、插拔型钢等。

单位:见表

定　额　编　号				2-7-21	2-7-22
项　　　　　目				SMW工法搅拌桩	
				水泥掺量20%	插拔型钢
单　　　　　位				10m³	t
基　　价　（元）				**2980.54**	**1994.06**
其中	人　工　费　（元）			275.25	195.00
	材　料　费　（元）			1269.10	1228.40
	机　械　费　（元）			1436.19	570.66
	名　　　　　称	单位	单价(元)	数　　　量	
人工	综合工日	工日	75.00	3.670	2.600
材料	二等板方材 综合	m³	1800.00	0.010	－
	普通硅酸盐水泥 32.5	t	330.00	3.670	－
	水	t	4.00	10.000	－
	热轧H型钢 400×200×10×15	kg	4.40	－	250.000

单位:见表

定　额　编　号				2-7-21	2-7-22
项　　　　目				SMW 工法搅拌桩	
				水泥掺量 20%	插拔型钢
材	减摩剂	kg	8.00	–	10.500
	电焊条 结 422 φ2.5	kg	5.04	–	2.450
料	其他材料费	元	–	–	32.050
机	SMW 工法桩机三轴钻	台班	4977.06	0.210	–
	灰浆搅拌机 200L	台班	126.18	0.430	–
	挤压式灰浆输送泵 3m³/h	台班	165.14	0.320	–
	电动空气压缩机 10m³/min	台班	519.44	0.320	–
	履带式单斗挖掘机(液压)1m³	台班	1307.60	0.090	–
	交流弧焊机 30kV·A	台班	91.14	–	0.320
	立式液压千斤顶 200t	台班	9.21	–	0.180
械	液压泵车	台班	1248.46	–	0.180
	履带式起重机 25t	台班	1086.59	–	0.290

第八章　强夯与重锤夯实工程

说　　明

一、强夯工程不分土壤类别，不分夯点间距大小，一律按本定额执行。

二、强夯定额已综合考虑了规范要求的两遍之间的间歇时间。

三、强夯定额未考虑夯前需要填充粗砂、砂、砾石或片石等工作内容，设计需要时另行计算。

四、设计要求在强夯的夯坑中添加填充材料后再进行强夯时，其人工和机械用量乘以系数1.2。

五、遇有较松软地层，需要用路基箱或钢板、垫木时，其人工和机械用量乘以系数1.1，增加路基箱、垫木等材料损耗按批准施工方案另行计算摊销费。

六、强夯定额为夯满一遍的工、料、机消耗量，其遍数按设计要求。

工程量计算规则

一、强夯工程量按设计处理地基的有效面积计算，即以边缘夯点外边线进行计算，包括夯点面积和夯点间的面积。

二、重锤原土夯实按面积计算，填土夯击按实体积计算。

一、1200kN·m 强夯

工作内容: 强夯机移位、挂锤、夯点、测放夯点、观察记录、推土机推平夯坑。 单位:100m²

定 额 编 号				2-8-1	2-8-2	2-8-3	2-8-4	2-8-5	2-8-6
项 目				打坑				低锤满拍	
				14 坑以内		14 坑以外		2 击以内	每增 1 击
				5 击以内	每增 1 击	5 击以内	每增 1 击		
基 价 (元)				**1507.69**	**254.47**	**1685.57**	**280.96**	**925.36**	**349.52**
其中	人 工 费 (元)			264.00	41.25	303.75	48.00	180.75	66.00
	材 料 费 (元)			178.08	35.62	178.08	35.62	14.47	7.25
	机 械 费 (元)			1065.61	177.60	1203.74	197.34	730.14	276.27
名 称	单位	单价(元)		数				量	
人工 综合工日	工日	75.00		3.520	0.550	4.050	0.640	2.410	0.880
材料 垫木	m³	837.00		0.040	0.008	0.040	0.008	-	-
夯锤及夯钩摊销费	元	-		137.350	27.470	137.350	27.470	13.740	6.880
其他材料费	元	-		7.250	1.450	7.250	1.450	0.730	0.370
机械 强夯机械 1200kN·m	台班	1055.41		0.540	0.090	0.610	0.100	0.370	0.140
履带式推土机 75kW	台班	917.94		0.540	0.090	0.610	0.100	0.370	0.140

二、2000kN·m 强夯

工作内容: 强夯机移位、挂锤、夯点、测放夯点、观察记录、推土机推平夯坑。

单位:100m²

定 额 编 号			2-8-7	2-8-8	2-8-9	2-8-10	2-8-11	2-8-12
项 目			打坑				低锤满拍	
			14 坑以内		14 坑以外		2 击以内	每增 1 击
			5 击以内	每增 1 击	5 击以内	每增 1 击		
基 价 （元）			**2561.14**	**408.78**	**2913.82**	**471.47**	**1575.78**	**617.12**
其中	人 工 费 （元）		351.75	54.00	405.00	62.25	241.50	87.75
	材 料 费 （元）		276.69	55.35	276.69	55.35	27.67	12.17
	机 械 费 （元）		1932.70	299.43	2232.13	353.87	1306.61	517.20
名 称	单位	单价(元)	数		量			
人工 综合工日	工日	75.00	4.690	0.720	5.400	0.830	3.220	1.170
材料 垫木	m³	837.00	0.040	0.008	0.040	0.008	0.004	−
夯锤及夯钩摊销费	元	−	231.020	46.200	231.020	46.200	23.110	11.550
其他材料费	元	−	12.190	2.450	12.190	2.450	1.210	0.620
机械 强夯机械 2000kN·m	台班	1804.17	0.710	0.110	0.820	0.130	0.480	0.190
履带式推土机 75kW	台班	917.94	0.710	0.110	0.820	0.130	0.480	0.190

三、3000kN·m 强夯

工作内容:强夯机移位、挂锤、夯点、测放夯点、观察记录、推土机推平夯坑。

单位:100m²

定　额　编　号			2-8-13	2-8-14	2-8-15	2-8-16	2-8-17	2-8-18
项　　　　　　目			打坑				低锤满拍	
			14 坑以内		14 坑以外		2 击以内	每增 1 击
			5 击以内	每增 1 击	5 击以内	每增 1 击		
基　　　　价　（元）			**3063.85**	**521.78**	**3471.64**	**560.70**	**2017.42**	**710.68**
其中	人　工　费　（元）		387.00	62.25	444.75	72.00	285.00	109.50
	材　料　费　（元）		401.64	80.33	401.64	80.33	40.59	17.79
	机　械　费　（元）		2275.21	379.20	2625.25	408.37	1691.83	583.39
名　　称	单位	单价（元）	数			量		
人工 综合工日	工日	75.00	5.160	0.830	5.930	0.960	3.800	1.460
材料 垫木	m³	837.00	0.055	0.011	0.055	0.011	0.006	–
夯锤及夯钩摊销费	元	–	337.770	67.560	337.770	67.560	33.780	16.890
其他材料费	元	–	17.830	3.560	17.830	3.560	1.790	0.900
机械 强夯机械 3000kN·m	台班	1999.00	0.780	0.130	0.900	0.140	0.580	0.200
履带式推土机 75kW	台班	917.94	0.780	0.130	0.900	0.140	0.580	0.200

四、4000kN·m 强夯

工作内容:强夯机移位、挂锤、夯点、测放夯点、观察记录、推土机推平夯坑。

单位:100m²

定 额 编 号			2-8-19	2-8-20	2-8-21	2-8-22	2-8-23	2-8-24
项 目			打坑				低锤满拍	
			14 坑以内		14 坑以外		2 击以内	每增 1 击
			5 击以内	每增 1 击	5 击以内	每增 1 击		
基 价 (元)			**5967.20**	**1049.70**	**6740.40**	**4013.64**	**4290.19**	**1800.34**
其中	人 工 费 (元)		686.25	120.75	789.75	138.00	543.75	231.00
	材 料 费 (元)		626.52	125.31	626.52	125.31	63.08	29.03
	机 械 费 (元)		4654.43	803.64	5324.13	3750.33	3683.36	1540.31
名 称	单位	单价(元)	数			量		
人工 综合工日	工日	75.00	9.150	1.610	10.530	1.840	7.250	3.080
材料 垫木	m³	837.00	0.055	0.011	0.055	0.011	0.006	-
夯锤及夯钩摊销费	元	-	551.370	110.280	551.370	110.280	55.140	27.570
其他材料费	元	-	29.110	5.820	29.110	5.820	2.920	1.460
机械 强夯机械 4000kN·m	台班	2430.57	1.390	0.240	1.590	1.120	1.100	0.460
履带式推土机 75kW	台班	917.94	1.390	0.240	1.590	1.120	1.100	0.460

五、6000kN·m强夯

工作内容:强夯机移位、挂锤、夯点、测放夯点、观察记录、推土机推平夯坑。

单位:100m²

定　额　编　号			2-8-25	2-8-26	2-8-27	2-8-28	2-8-29	2-8-30
项　　　　目			打坑				低锤满拍	
			14坑以内		14坑以外		2击以内	每增1击
			5击以内	每增1击	5击以内	每增1击		
基　　价　（元）			**9758.96**	**1697.07**	**11106.18**	**7029.52**	**7291.08**	**3058.40**
其中	人　工　费（元）		807.75	141.75	929.25	162.75	639.75	271.50
	材　料　费（元）		626.52	125.31	626.52	125.31	63.08	29.03
	机　械　费（元）		8324.69	1430.01	9550.41	6741.46	6588.25	2757.87
名　称	单位	单价（元）	数			量		
人工 综合工日	工日	75.00	10.770	1.890	12.390	2.170	8.530	3.620
材料 垫木	m³	837.00	0.055	0.011	0.055	0.011	0.006	-
夯锤及夯钩摊销费	元	-	551.370	110.280	551.370	110.280	55.140	27.570
其他材料费	元	-	29.110	5.820	29.110	5.820	2.920	1.460
机械 强夯机械6000kN·m	台班	4189.23	1.630	0.280	1.870	1.320	1.290	0.540
履带式推土机75kW	台班	917.94	1.630	0.280	1.870	1.320	1.290	0.540

六、重锤夯实

工作内容:准备机具、人工洒水、夯实。

单位:1000m²

定 额 编 号				2-8-31	2-8-32	2-8-33
项 目				原土	夯击	填土夯击
				六遍以内	每增加一遍	1000m³
基 价 (元)				**14147.68**	**2126.15**	**31602.87**
其中	人 工 费 (元)			4571.25	357.75	14967.00
	材 料 费 (元)			—	—	5.16
	机 械 费 (元)			9576.43	1768.40	16630.71
名 称		单位	单价(元)	数		量
人工	综合工日	工日	75.00	60.950	4.770	199.560
材料	其他材料费	元	—	—	—	5.160
机械	履带式起重机 15t	台班	966.34	9.910	1.830	17.210

第九章　降　水　工　程

说　　明

一、轻型井点及喷射井点定额表内的工、料、机消耗,是指井点降水设备打拔(安装、拆除)一次的工、料、机消耗,包括材料设备的运输。

二、轻型井点及喷射井点降水设备运行维修费用,按降水运行天数计算。

三、真空深井降水安装、拆除、运行定额是按井深19m考虑的,如与实际井深不一致时,可按增减定额另行计算。

工程量计算规则

一、轻型井点每套设备有效范围按100延长米计算。

二、喷射井点每套设备有效范围按50延长米计算。

三、深井降水按井数(口)计算,井深不相同时应分别计算。

四、运行天数可参考工期定额,或按审定的施工方案确定的降水工期按天计算。

一、轻型井点抽水打拔一次

工作内容:井点抽水、井点安装、拆除、包括冲管全部工作(每套设备有效范围按100延长米计算)。 单位:见表

定 额 编 号				2-9-1	2-9-2
项 目				轻型井点打拔一次	轻型井点抽水台班费
单 位				套	套/天
基 价 (元)				**14549.11**	**372.70**
其 中	人 工 费 (元)			5151.75	–
	材 料 费 (元)			4341.25	46.54
	机 械 费 (元)			5056.11	326.16
名 称		单位	单价(元)	数 量	
人 工	综合工日	工日	75.00	68.690	–
材 料	中砂	m³	60.00	33.920	–
	水	t	4.00	216.000	–
	配件损耗	元	–	1193.620	
	其他材料费	元	–	248.430	46.540
机 械	履带式电动起重机 5t	台班	217.79	6.400	–
	电动多级离心清水泵 φ100mm 120m 以下	台班	343.38	6.400	–
	运输费	元	–	1464.620	–
	轻型井点抽水设备	台班	135.90	–	2.400

二、喷射井点抽水打拔一次

工作内容:1.安装、打、拔、拆除总井管,挖地槽、灌砂等。2.设备运行、维修。3.每套设备有效范围50延长米计算。

单位:见表

定 额 编 号				2-9-3	2-9-4
项 目				喷射井点打拔一次	喷射井点抽水台班费
单 位				套	套/天
基 价 (元)				**76521.49**	**476.29**
其中	人 工 费 (元)			19766.25	–
	材 料 费 (元)			18888.34	49.50
	机 械 费 (元)			37866.90	426.79
名 称		单位	单价(元)	数	量
人工	综合工日	工日	75.00	263.550	–
材料	中砂	m³	60.00	78.540	–
	水	t	4.00	2800.000	–
	配件损耗	元	–	2705.420	–
	其他材料费	元	–	270.520	49.500
机械	振动沉拔桩机 300kN	台班	982.32	2.800	–
	履带式电动起重机 5t	台班	217.79	11.200	–
	履带式起重机 15t	台班	966.34	11.200	–
	载货汽车 8t	台班	619.25	3.200	–
	电动多级离心清水泵 φ100mm 120m 以下	台班	343.38	11.200	–
	泥浆泵 φ100mm	台班	395.11	11.200	–
	电动空气压缩机 20m³/min	台班	830.09	11.200	–
	喷射井点抽水设备	台班	177.83		2.400
	其他机械费	元		2304.450	

三、真空深井降水

工作内容: 1.安装:钻孔、安装井管、地面管线连接、装水泵、滤砂、孔口封土。 2.拆除:拆管、清洗整理。 3.运行:抽水。　　　　　　单位:见表

定　额　编　号			2-9-5	2-9-6	2-9-7	2-9-8	2-9-9
项　　　　目			真空深井降水				
			19m 安装	19m 拆除	19m 运行	每增1m 安拆	每增1m 运行
单　　　　位			每口井		口/天	每口井	口/天
基　价（元）			**2438.52**	**979.15**	**567.04**	**117.79**	**0.09**
其中	人　工　费（元）		600.00	331.50	—	18.00	—
	材　料　费（元）		560.17	174.38	3.00	30.44	0.09
	机　械　费（元）		1278.35	473.27	564.04	69.35	—
名　　称	单位	单价（元）	数　　　　　　　量				
人工 综合工日	工日	75.00	8.000	4.420	—	0.240	—
材料 绿豆砂	m³	65.00	4.870	—	—	0.280	—
打桩用护壁泥浆	m³	110.00	1.670			0.084	
水	t	4.00	14.979			0.749	
钢板井管 φ270×8×4500	m	47.09		2.000	0.014	—	0.002
钢滤水井管 φ270×8×4000	m	20.05		4.000	0.006	—	
其他材料费	元	—	—	—	2.220	—	—
机械 真空泵 660m³/h	台班	319.42	—	—	0.600		
履带式电动起重机 5t	台班	217.79	0.280	1.060	—	0.015	
潜水泵 φ100mm	台班	155.16	0.080		2.400		
泥浆泵 φ100mm	台班	395.11	0.600			0.031	
工程钻机 SPJ-300	台班	476.84	0.600			0.031	
泥浆运输车 4000L	台班	603.35	1.130			0.057	
电动卷扬机（单筒慢速）50kN	台班	145.07	—	1.060		—	
载货汽车 4t	台班	466.52		0.190		0.010	

附　　录

说　　明

一、CFG 混合料配合比与实际施工配合比不同时,定额含量不得调整。

二、预应力混凝土管桩长度、体积换算表是按(10G409)图集计算的,厚度不同时,可按实际计算。

附表一、CFG 混合料

定　额　编　号			F2-1	F2-2
项　　　　　目			碎石(最大粒径40mm)	
			混凝土强度等级	
			C15	C20
基　　　　价　（元）			**176.62**	**193.18**
其中	人　工　费　（元）		–	–
	材　料　费　（元）		176.62	193.18
	机　械　费　（元）		–	–
名　　　　　称	单位	单价(元)	数	量
材料	普通硅酸盐水泥 32.5	t	330.00	0.270	0.300
	中砂	m³	60.00	0.490	0.480
	外加剂	元	–	13.500	13.500
	碎石 40mm	m³	55.00	0.780	0.800
	水	t	4.00	0.220	0.220
	粉煤灰	t	14.00	0.060	0.500

附表二、预应力混凝土 PHC(PC)管桩长度、体积、换算表

桩外径(mm)	壁厚(mm)	每米长度的体积(m³)	每10m³体积的桩长度(m)	单节桩长(m)
300	70	0.0506	197.63	7~11
400	95	0.0910	109.89	7~13
500	100	0.1256	79.62	7~15
500	125	0.1472	67.93	7~15
600	110	0.1692	59.10	7~15
600	130	0.1919	52.11	7~15
700	110	0.2038	49.07	7~15
700	130	0.2327	42.97	7~15
800	110	0.2383	41.96	7~30
800	130	0.2735	36.56	7~30
800	150	0.3062	32.66	7~30
800	180	0.3504	28.54	7~30
1000	130	0.3551	28.16	7~30
1000	180	0.4635	21.57	7~30